ARNO SEMMEL

PERIGLAZIALMORPHOLOGIE

ERTRÄGE DER FORSCHUNG

Band 231

ARNO SEMMEL

PERIGLAZIALMORPHOLOGIE

Mit 58 Abbildungen im Text

1985

WISSENSCHAFTLICHE BUCHGESELLSCHAFT
DARMSTADT

CIP-Kurztitelaufnahme der Deutschen Bibliothek

Semmel, Arno:
Periglazialmorphologie / Arno Semmel. – Darmstadt:
Wissenschaftliche Buchgesellschaft, 1985.
(Erträge der Forschung; Bd. 231)
ISBN 3-534-01221-6
NE: GT

1 2 3 4 5

🐂 Bestellnummer 1221-6

© 1985 by Wissenschaftliche Buchgesellschaft, Darmstadt
Satz: Maschinensetzerei Janß, Pfungstadt
Druck und Einband: Wissenschaftliche Buchgesellschaft, Darmstadt
Printed in Germany
Schrift: Linotype Garamond, 10/11

ISSN 0174-0695
ISBN 3-534-01221-6

INHALT

VERZEICHNIS DER ABBILDUNGEN

1 EINLEITUNG

Die Periglazialgeomorphologie untersucht das Relief der Erdoberfläche, das durch Formungsvorgänge geprägt wird oder ge-
prägt wurde, die typisch für den periglazialen Klimabereich sind.
Darunter wird hier ein Klimabereich verstanden, in dem der *Frost*
und die von ihm verursachte *Frostverwitterung* eine beherrschende
Rolle spielen. In ähnlich ungenauer Weise definierte bereits LO-
ZINSKI (1910: 1039) den von ihm eingeführten Begriff „Periglazial".
Seitdem ist dieser Begriff stets mehr ein geomorphologischer als ein
klimatischer gewesen. Die Landschaften, in denen gegenwärtig die
Frostwirkung von herausragender Bedeutung ist, sind sowohl in
der E- als auch in Teilen der D-Klimazone nach KÖPPEN und
GEIGER zu finden, sowohl in der Polaren und Subpolaren Zone als
auch in Teilen der Kaltgemäßigten Borealen Zone nach TROLL und
PAFFEN. Versuche, den Periglazialbereich mit Hilfe klimatischer
Schwellenwerte exakt abzugrenzen, erweisen sich als außerordentlich schwierig, müssen doch Parameter der Temperatur, des Nie-
derschlags, der Kontinentalität, der Polarität etc. berücksichtigt
werden. Leichter erscheint eine Abgrenzung mit Hilfe geomorphologischer Kriterien. So werden immer wieder insbesondere Frostbodenmuster als periglaziale Leitformen verwendet, mit deren
Hilfe die Ausdehnung des periglazialen Bereichs erfaßt werden soll.
In diesem Zusammenhang sei vor allem auf die Schriften von
H. POSER (u. a. 1977) und zahlreiche Publikationen seiner Schüler
verwiesen (vgl. auch WEISE 1983: 158ff.). Dennoch ist m. E. nicht
zu bestreiten, daß der größte Teil der rezenten Periglazialgebiete
solche Formen nicht aufweist (SEMMEL 1969: 1f., 24, 42). Statt
dessen sind amorphe Solifluktionsdecken dominierend. Sie als Ab-
grenzungskriterium zu benutzen bedeutet indessen, den Nachweis
führen zu müssen, daß die Solifluktion (Erdfließen) frostbedingte
Ursachen hat und nicht nur eine Folge starker Durchfeuchtung ist,
die auch ohne Einwirkung des Frostes eintreten kann. Dieser
Nachweis ist häufig gerade im periglazialen Randbereich nicht
leicht zu erbringen.

Außerdem gibt es einige Waldgebiete, in denen weder rezente
Frostbodenmuster noch Solifluktionsdecken vorkommen und ge-

genwärtig kein nennenswertes Bodenfließen stattfindet, so z. B. in
der sibirischen Taiga. Sie sind dennoch zum Periglazialbereich zu
rechnen, weil das Frostklima zur Entwicklung eines Dauerfrostbodens geführt hat. So gesehen bereitet auch der Versuch, den Periglazialbereich geomorphologisch räumlich zu begrenzen, erhebliche
Schwierigkeiten.

Von den vielen Versuchen, trotz dieser Probleme eine rezente
periglaziale Zone auf der Erde auszugliedern, erscheint mir der von
HAGEDORN und POSER (1974: 431 f.) vorgestellte trotz der Ableh-
nung durch KARTE (1979: 91) als der am besten zu praktizierende.
Dort ist innerhalb der weltweit vorgenommenen „räumlichen Ordnung der geomorphologischen Prozesse und Prozeßkombinationen" die Zone VII mit dem für periglaziale Gebiete typischen For-
mungsgeschehen ausgewiesen. In Anlehnung an dieses Vorgehen
kann m. E. deshalb der *rezente Periglazialbereich* unter Einschluß
der periglazialen Höhenstufen der Gebirge definiert werden als *die
Region, in der frostdynamische Prozesse, intensive Abspülung und
intensive fluviale Prozesse einschließlich der Thermoerosion ablaufen.*

Mit dieser Definition ist es zugleich auch möglich, zumindest mit
gewissen Erfolgsaussichten dem Problem zu begegnen, welche
Ausdehnung vorzeitliche Periglazialbereiche hatten, denn große
Teile des heute gemäßigten Klimagürtels sind im Pleistozän wiederholt vom Periglazialklima geprägt worden und haben in dieser Zeit
wesentliche landschaftliche Charakteristika erhalten. Hierbei handelt es sich weniger um Erscheinungen der periglazialen Mikroformen (Frostbodenmuster) als vielmehr um die typischen Formen der
Hänge und Täler, also um das eigentliche Relief. Dieses zu erfor-
schen sehe ich nach wie vor als Hauptaufgabe der Geomorphologie
an. Da dies selbstverständlich auch für die rezenten Periglazialgebiete gilt, muß nach meinem Dafürhalten auch eine „Periglazialgeomorphologie" diesem Anliegen Rechnung tragen. Im folgenden
erfahren deshalb die periglazialen Mikroformen und die sie erzeu-
genden Vorgänge geringere Beachtung, als das in den meisten anderen Büchern zum Thema „Periglazialgeomorphologie" der Fall ist
(z. B. TROLL, 1944; SEMMEL, 1969; WASHBURN, 1979; KARTE,
1979). Stärker in den Vordergrund rücken dagegen Themen der periglazialen Hang- und Talformung, wie sie z. B. von POSER (1936),
BÜDEL (1944; 1981) und BIBUS et al. (1976) behandelt wurden.

Mit den nachfolgenden Ausführungen sollen vor allem mittel-
europäische Leser angesprochen werden, um sie in die typischen

geomorphologischen Fragestellungen *rezenter* Periglazialgebiete ein-
zuführen, zum anderen, um sie mit den Erscheinungen vertraut zu
machen, die das *pleistozäne* Periglazialklima in Mitteleuropa hinterlassen hat. Dabei ist m. E. besonders zu beachten, daß die in rezenten Periglazialgebieten gewonnenen Erkenntnisse nur bedingt zur
Klärung von Formen herangezogen werden können, die im pleistozänen Periglazialmilieu Mitteleuropas entstanden. Hierauf machte
schon BÜDEL (1959: 301 f.) aufmerksam. Der Grenzen des aktuali-
stischen Prinzips sollte man sich als Geomorphologe gerade auch
auf diesem Gebiet bewußt sein. Ein Vergleich von Formungspro-
zessen und Formen eines rezenten mit denen eines ehemaligen Peri-
glazialgebietes muß viele Abweichungen in den Konstellationen der
Geofaktoren zwischen beiden Bereichen berücksichtigen (Gestein,
Vorformen, Klimaunterschiede, Klimageschichte etc.), so daß es
aus meiner Sicht methodisch fragwürdig ist, so weitreichende Ver-
gleiche hinsichtlich der qualitativen und quantitativen periglazialen
Formung, wie BÜDEL sie (u. a. 1981: 37ff.) zwischen Franken und
Südost-Spitzbergen unternommen hat, zu ziehen. Aus diesen
Gründen erscheint mir die getrennte Behandlung von rezenten und
pleistozänen Periglazial-Gebieten notwendig.

Im Text und im Schriftenverzeichnis konnte nur ein Bruchteil der
tatsächlich existierenden Literatur zur Periglazialmorphologie berücksichtigt werden. Lesern, die nach weiteren Hinweisen suchen,
sei WASHBURN (1979) empfohlen, der wohl die derzeit beste Lite-
raturzusammenstellung und -verarbeitung bietet.

2 REZENTE PERIGLAZIALGEBIETE

2.1 Frostverwitterung, Frostwirkung

Die Frostverwitterung äußert sich vor allem als *Kornzerkleinerung,* die als Folge des Gefrierens von Wasser in den Gesteinen eintritt. Dabei sind Gesteinseigenschaften wie Porenvolumen, Klüftung, Korngröße, Wassergehalt etc. von Bedeutung sowie die Häufigkeit und Intensität des Frostwechsels. Die Frostsprengung führt über die Bildung von Gesteinsscherben (Frostschutt) und Sand bis zum Schluff (u. a. DÜCKER 1937: 127). SCHEFFER et al. (1966: 83) sehen auch die Bildung von Grobton als durch Frostsprengung bedingt an (Kryoklastik). Die stellenweise zu beobachtende Zunahme des Tongehaltes in den oberen Teilen des Auftaubodens in Südostspitzbergen wird z. B. als kryoklastischer Effekt gedeutet, da andere Gründe mit großer Wahrscheinlichkeit ausgeschlossen werden können (SEMMEL 1969: 49 ff.). Außerdem wird aber auch von beträchtlichen Lösungserscheinungen berichtet (z. B. RAPP 1960: 184; AKERMAN 1983). Die von CORBEL (1959) vertretene Ansicht, im Periglazialklima sei die Carbonatlösung generell besonders hoch, ist nicht bestätigt worden (BIRD 1967: 257; 261; PRIESNITZ 1974: 75; PFEFFER 1978: 47). Die Beteiligung von chemischer Verwitterung an der Entstehung von kleinen Korngrößen ist in gewissem Umfang ebenfalls wahrscheinlich (z. B. BLANK und RIESER 1928; HERZ und ANDREAS 1966; FEDEROFF 1966; SEMMEL 1969). Als besonders auffälliges Zeichen chemischer Verwitterung sind die seit langem aus rezenten Periglazialgebieten bekannten Fe-Rinden an Steinen zu erwähnen (HÖGBOM 1914; BÜDEL 1960; MECKELEIN 1965).

Die Volumenzunahme des gefrierenden Wassers führt zur Bodenhebung, zum *Frosthub.* Dessen Ausmaß ist häufig vom Wassergehalt des Bodens abhängig. Ein hoher Wassergehalt, wie ihn vor allem stark schluffhaltige Böden aufweisen können, verlangsamt das Eindringen der Frostfront. Da aus dem noch nicht gefrorenen Boden Wasser vom Eis angezogen wird (SCHENK 1955: 175), entstehen lokale Anreicherungen von Eis (Eislinsen). Die Zufuhr von Wasser ist in schluffigen Substraten gegenüber Sand (Unterbrechung wegen Grobkörnigkeit) und Ton (geringe bzw. fehlende Durchlässigkeit) am größten. Schluffiger Untergrund ist deshalb in bezug auf Frosthebung besonders anfällig.

Die Frosthebung spielt auch beim *Steinauffrieren* eine Rolle. Da Steine die Kälte besser leiten als das umgebende Feinmaterial, kann unter dem Stein eine Eislinse entstehen, die den Stein anhebt. Verkanten oder ähnliches verhindert die Rückkehr in die ursprüngliche Lage nach dem Auftauen. Högbom (1910) hält das Anheben des Steins durch den benachbarten gefrierenden Boden für bedeutsam. Nachbrechen von seitlichem Material in den Hohlraum schließt ein Zurücksinken des Steins in die frühere Position nach dem Auftauen aus (Hamberg 1915). Washburn (1979: 80 ff.) referiert auch entsprechende Laborexperimente jüngeren Datums und kommt zu dem Schluß, daß letztgeschilderter Vorgang in der Natur am häufigsten wirkt (ib.: 91). Das gelte allerdings nicht, wenn die Frostfront von unten (vom Dauerfrostboden) nach oben steige.

Eine Frosthebung wird auch durch *Kammeis* bewirkt, das in wenigen Millimetern oder Zentimetern Tiefe praktisch an der Oberfläche entsteht und Bodenpartikel durch das Wachsen der Eiskristalle anhebt. Ähnliche Vorgänge spielen wohl auch beim Aufpressen von Feinmaterial zwischen Steinen eine Rolle. Die Steine, die wegen ihrer Größe nicht mitgehoben wurden, erscheinen dann wie in das Feinmaterial eingesunken.

Außer diesem vor allem das Auffrieren von Feinmaterial betreffenden Vorgang ist in rezenten Periglazialgebieten häufig *Feinmaterialfluß* und *-aufpressung* auch aus tieferen, nicht gefrorenen Partien möglich. Die Abb. 1 zeigt eine entsprechende Erscheinung aus Lappland. Ein Nano-Podsol ist von schluffigem Substrat durchstoßen worden, das an die Oberfläche trat (Semmel 1969: 7 ff.). Für solche Vorgänge wichtige Drucke können möglicherweise allein infolge unterschiedlichen hydrostatischen Druckes entstehen oder aber die Folge von 'cryostatic movement' (Washburn 1950: 34 ff.) sein, wobei durch eine von oben eindringende Frostfront Druck auf das nicht gefrorene Substrat ausgeübt wird (vgl. Laborversuche von Pissart 1970: 37 ff.). Washburn (1979: 102) diskutiert die Frage, ob außer 'cryostatic pressure' an solchen Vorgängen nicht auch 'thawing pressure' (Mackay-effect) beteiligt ist.

Die oben geschilderten Vorgänge beruhen im wesentlichen auf *Ausdehnungs*-Effekten, die durch Frost hervorgerufen werden. Bei stärkerer Temperaturerniedrigung treten aber auch *Schwund-*

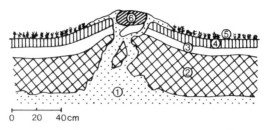

Abb. 1: Feinmaterialaufpressung in einem Frostmusterboden bei Abisko (Schwedisch-Lappland).
1 = sandig-schluffiges Moränen-Substrat
2 = B_s-Horizont eines Podsols
3 = A_e-Horizont eines Podsols
4 = Rohhumus
5 = Empetrum nigrum
6 = Stein
Die durch den Stein bedingte Inhomogenität ist wahrscheinlich die Ursache für den Feinmaterialaufbruch.

Effekte ein, die zur Riß- und Spaltenbildung führen, also ebenfalls an der Kornzerkleinerung beteiligt sind. Sämtliche Prozesse gehören zu den Vorgängen der *Kryoturbation,* ein Sammelbegriff für frostbedingte, im wesentlichen vertikal gerichtete Substratverlagerungen.

2.2 Windwirkung

Das Einwirken des Frostes auf den Boden und damit seine geomorphologische Wirkung wird häufig indirekt von Wind beeinflußt. So dünnt der Wind in exponierten Lagen die Vegetationsdecke aus oder zerstört sie und erleichtert dadurch das Eindringen des Frostes. Ähnliches kann mit der Schneedecke geschehen. Hier kommt jedoch nicht nur dem Fortblasen des Schnees, sondern auch der Akkumulation größere Bedeutung zu. Die Anhäufung größerer Schneemengen in Leelagen hat zur Folge, daß dort der Boden einerseits besser gegen den Frost isoliert ist, andererseits Schneefreiheit erst sehr spät im Sommer eintritt, starke Vernässung und damit Verstärkung der Frostgefährdung möglich sind. Deswegen überrascht es nicht, wenn Leelagen in der Tundrenzone oft vegetationsfrei sind. Wenn Gefälle vorhanden ist, beeinflussen solche *Schneeflecken* auch tiefere Hangpartien durch Vernässung und Erosion

(POSER 1936: 76; SCHUNKE 1974) oder wirken sich sogar bei der asymmetrischen Formung von Tälern aus (SEMMEL 1969: 56). Oberhalb des Schneefleckens und überhaupt an der „Schwarz-Weiß-Grenze" ist stärkere mechanische Verwitterung möglich. Stellt somit der Wind einen Faktor dar, der die Frostwirkung steuert, so ist umgekehrt das Frostklima und die von ihm ausgehende Verwitterung und Vegetationsfreiheit eine wesentliche Voraussetzung für die Windformung in den rezenten Periglazialgebieten. Da bei der Frostverwitterung als feinere Korngrößen vor allem Sande und Schluffe anfallen, stehen Substrate bereit, die besonders gut verweht werden können. Fehlende oder schüttere Vegetationsbedeckung ermöglicht die Winderosion insbesondere in den trokkenen rezenten Periglazialgebieten, wie etwa in den 'dry valleys' der Antarktis (u. a. WASHBURN 1979: 264; MIOTKE 1979; 1982) oder den edaphisch trockenen Gebieten Islands (SCHUNKE 1975: 206 ff.). Es entstehen Windkanter als Mikroformen und Steinpflaster.

Die selektive Ausblasung der feinen Korngrößen kann zu einer Erniedrigung der Oberfläche führen. MIOTKE (1982: 36) vertritt aufgrund seiner Untersuchungen in der Antarktis die Auffassung, daß auf diese Weise Steinpflaster entstehen, die eine weitere Abtragung verhindern bzw. stark einschränken. Da jedoch auch in den sehr trockenen Gebieten der Antarktis die Frostsprengung wirksam ist, wird m. E. in den Steinpflastern immer wieder Material bereitgestellt, das verblasen werden kann, und somit erfolgt trotz der Steinpflasterbedeckung weitere Abtragung. Die Ausblasung aus den Schuttdecken kann durchaus hangaufwärts fortschreiten. Die entstehenden Materialdefizite lösen hangabwärts gerichtetes Wandern des gröberen Schuttes aus (MIOTKE ib.: 37).

Ein Einfluß der Windwirkung ist wahrscheinlich auch bei der *Tafonibildung* in antarktischen Felswänden gegeben. Jedoch erscheint noch nicht geklärt, welche Bedeutung hierbei Salzverwitterung und Krustenbildung haben (FRENCH 1976: 203; WASHBURN 1979: 267). Auch in der Arktis sind verschiedentlich unverkennbare Anzeichen der Winderosion zu finden. In Abb. 2 ist ein Steinpflaster aus Schwedisch-Lappland dargestellt, das eindeutig durch Ausblasung (ohne Abspülung) gebildet wurde. Ebenso kann hier ein bevorzugtes Steinauffrieren als Ursache der Pflasterbildung ausgeschlossen werden. Das Pflaster liegt einige Zentimeter tiefer als die bewachsene Umgebung und zeigt die typischen Merkmale einer kleinen *Deflationswanne*. Unmittelbar östlich davon, also in Leelage, ist die alte Oberfläche mit äolischem Sand überdeckt, der aus der

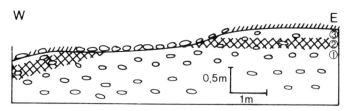

Abb. 2: Deflationswanne in der Tundra bei Abisko (Schwedisch-Lappland).
1 = Os-Schotter; 2 = B_S-Horizont eines Podsols; 3 = A_e-Horizont
eines Podsols

Deflationswanne stammt. In Lappland und auf Spitzbergen sind auf
Frostmusterböden sehr oft die vermoosten Oberflächen durch
Winderosion aufgerissen. Im Stau kleiner Steine bilden sich
Feinerdestege (SEMMEL 1969: 53).

Ähnliche Anzeichen für äolische Sedimentation lassen sich häufig
in den nicht zu feuchten rezenten Periglazialgebieten finden. Dabei
dominieren Sandkorngrößen. Sie bedecken z. B. in der lappländischen Tundrenzone großflächige Nano-Podsole, sind in Küsten-
nähe oder in der Nachbarschaft größerer Flüsse zu Dünen aufgeweht. Aktive Binnendünen gibt es vor allem in den trockensten
Regionen der Antarktis. Aus wenigen Gebieten der rezenten Periglazialbereiche wird Lößsedimentation beschrieben. Die derzeitigen
klimatischen Bedingungen sind allem Anschein nach für die Löß-
bildung weniger günstig als die der pleistozänen Periglazialgebiete.
Außerdem fällt auf, daß die Korngrößenzusammensetzung bei re-
zentem periglazialem Löß meist deutlich gröber ist als bei fossilem
Löß. Als Beleg diene Abb. 3, die die Summenkurve eines isländischen „Moldlösses" wiedergibt (vgl. auch LINELL und TEDROW
1981: 118). Das gilt übrigens auch für den nichtperiglazialen postglazialen Löß Neuseelands, der aus den breiten Schotterbetten der
Flüsse ausgeweht wird (u. a. SCHÖNHALS 1974: 260).

Große Verbreitung haben in den rezenten Periglazialgebieten
äolische Akkumulationen von pflanzlichem Material. Sie bedecken
häufig den Schnee (vgl. Bild 22 in SEMMEL 1969) oder sind in den
Schnee eingemischt. Nach Tauperioden konzentrieren sich die
pflanzlichen Rückstände zu Lagen, die wieder von neuem Schnee
überdeckt werden können. Auf diese Weise entstehen die deutlich
schichtigen Altschneeansammlungen. Einen ähnlichen Aufbau
besitzen auch oft perennierende Schneeflecken. Flecken von Pflan-
zenhäcksel können an der Schneeoberfläche außerdem zu diffe-

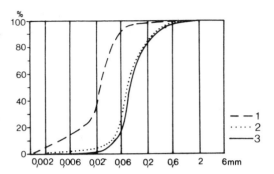

Abb. 3: Summenkurven von Lößkorngrößen.
1 = mitteleuropäischer pleistozäner Löß
2 und 3 = rezente isländische Moldlösse (nach MÜLLER 1962)

renzierten Tauvorgängen führen und ein „Relief" erzeugen, das thermokarstähnlich aussieht.

2.3 Massenbewegungen, insbesondere Solifluktion

Unter dem Begriff „Solifluktion" werden hier nicht nur hangabwärts gerichtete Materialbewegungen infolge von Wassersättigung verstanden – so die ursprüngliche Definition von ANDERSSON (1906: 95 f.) –, sondern auch Substrattransport durch *Frostkriechen* und *Kammeisbildung*. Frostkriechen entsteht durch Frosthub und damit verbundenen Transport in Gefällsrichtung. Auch bei der Kammeisbildung wird Material angehoben und hangabwärts versetzt („Kammeissolifluktion"). Die einzelnen Vorgänge und ihre quantitative Wirkung sind in der Regel schwer zu trennen (vgl. auch WEISE 1983: 88). Die durch Wassersättigung entstandene Solifluktion ist nicht auf periglaziale Gebiete beschränkt. Ohne Zweifel führt aber die Frostwirkung auf vielen Hängen zu besonders starker Wasseranreicherung in oberflächennahen Teilen des Bodens. Um dieses frostbedingte Erdfließen von anderer Solifluktion zu trennen, wird es als „Gelifluktion", „Gelisolifluktion", „Kryosolifluktion" etc. bezeichnet (KARTE 1979: 68 ff.). Über weitere terminologische Differenzierungen und Schwierigkeiten berichtet REICHMANN (1978). Insbesondere wird auch zwischen „gebundener" und „ungebundener Solifluktion" unterschieden, je nachdem ob durch Vegetation die Kriechbewegungen gehemmt werden (typisch für

die Tundrenzonen) oder ob solche Einschränkungen fehlen (Frostschuttzone). Im ersten Fall entstehen vorwiegend Fließerdeloben,
die als Frostmuster in Kapitel 2.7.1 eingehender beschrieben werden. Im zweiten Fall bilden sich m. E. vor allem *amorphe Solifluktionsdecken* (SEMMEL 1969: 42), weniger oder gar nicht Feinerde-
und Steinstreifen. Es ist schwer, sich vorzustellen, wie bei deutlicher
hangabwärts gerichteter Bodenbewegung die jeweiligen Streifen
von Feinerde und Steinen erhalten bleiben können. Messungen,
die eine kräftige Bewegung in den Streifen anzuzeigen scheinen
(BÜDEL 1981: 71), bedürfen insofern der Überprüfung, als sie nur
einmal ausgeführt wurden. Jedoch ist die Wanderungsgeschwin-
digkeit auch in den amorphen Solifluktionsdecken großenteils als
gering anzusehen. Nur in manchen Tiefenlinien von einigen Hohlformen, die stark durchfeuchteten Boden und fließfähiges Material
enthalten, erreicht die Transportgeschwindigkeit offensichtlich
größere Beträge. Auf den übrigen Hängen fehlen weitgehend über-
zeugende Merkmale schnellen Erdfließens. So ist z. B. sehr selten
das Einwandern von solifluidalem Substrat in Gerinne zu beobachten (Bild 23 in SEMMEL 1969). Noch eindrucksvoller wird diese
Auffassung dadurch belegt, daß die vor allem in der Tundrenzone
entwickelten Fließerdeloben in aller Regel ebenfalls nicht bis in die
Gerinnebetten gelangen. Dennoch läßt sich nicht bestreiten, daß
Fließerden weite Strecken gewandert sind. Anders kann die Über-
deckung des Liegenden durch Schutt, der aus weiter hangaufwärts
anstehenden Gesteinen stammt, nicht erklärt werden. Ein entsprechendes Beispiel von der Edge-Insel (Südostspitzbergen) ist
anschließend beschrieben (vgl. auch SEMMEL 1969: 44 ff.), das
zugleich als Beispiel des häufigen Aufbaus von Solifluktionsdecken
dienen kann. An der 12° geneigten Oberfläche ist ein grobes Sand-
steinpflaster ausgebildet, dessen Komponenten überwiegend eine
Einregelung der Längsachsen in Gefällsrichtung zeigen (vgl.
Abb. 4). Darunter liegt ca. 10 cm mächtiger hellbrauner lehmiger
Sand mit wenigen Sandsteinen, dem sich ein 30 cm mächtiger Schutt
mit vielen Sandsteinen und Tonschieferbrocken anschließt. Den
Übergang in den anstehenden Tonschiefer, der zugleich etwa mit
der Obergrenze des Dauerfrostbodens übereinstimmt, bildet eine
10 cm mächtige Zone dunklen Tonschiefers, der nur wenig verlagert ist und Merkmale des *Hakenschlagens* aufweist. Diese Gliederung des Profils schlägt sich auch in der Korngrößenzusammensetzung des Feinmaterials nieder (vgl. Abb. 5). Der Tonanteil, bedingt
durch den liegenden Tonschiefer, ist unten am größten. Der Sand-

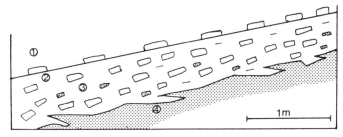

Abb. 4: Aufbau einer Solifluktionsdecke in Südostspitzbergen.
1 = eingeregeltes Steinpflaster (Sandstein) an der Oberfläche
2 = eingeregelter Sandsteinschutt
3 = Sandstein- und Tonsteinschutt
4 = Hakenschlagen an der Obergrenze des anstehenden Schiefertons, darunter Permafrost

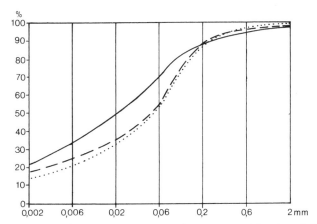

Abb. 5: Korngrößenzusammensetzung des Feinmaterials einer Solifluk-tionsdecke (Solifluktionsdecke der Abb. 4).
durchgezogene Kurve = Schiefertonmaterial
gerissene Kurve = Mischungsbereich zwischen Schieferton- und Sandsteinschutt
gepunktete Kurve = Sandsteinschutt

anteil, bedingt durch den zugewanderten Sandsteinschutt, erreicht den höchsten Wert im oberen Profilteil. Der mittlere Bereich hat die Eigenschaften eines Durchmischungshorizonts, der durch *Solimix-tion* (frostbedingte Durchmischung des Substrats) entstand. In der Regel sind die nach oben gerichteten Oberflächen der Steine mit feinem Material bedeckt. Nicht sicher ist, wie der obere steinarme Horizont gebildet wurde. Nahe liegt es, hierin eine Auswirkung „herbstlicher Multigelation" (CZEPPE 1961: 61) zu sehen. Die häufigen Frostwechsel im Herbst erreichen nur eine bestimmte Tiefe des Bodens. Deshalb können bevorzugt Steine aus ihm auffrieren oder/und stärker verwittern; die Durchfeuchtung (bedingt durch frostbedingten Wasserzuzug sowie Tauwasser der frühen Schneefälle) und damit die Solifluktionsrate wird größer sein. Entsprechende Zunahmen der Bewegungsraten konnte z. B. RUDBERG (1964: 200 f.) im oberflächennahen Bereich von Fließerdeloben in Lappland konstatieren.

Differenzierungen in einer Fließerde werden auch noch durch andere Vorgänge hervorgerufen, etwa durch das Einsinken von Steinen bei hohem Wassergehalt des Bodens oder durch Tonverlagerung (HERZ und ANDREAS 1966: 196). Außerdem konnten stellenweise durch chemische Verwitterung (Entkalkung, Verbraunung) bedingte Veränderungen in den oberen Teilen von Schuttdecken nachgewiesen werden (Erhöhung des Anteils an oxalatlöslichem Eisen, Erniedrigung des pH-Wertes, vgl. SEMMEL 1969: 49 f.; BIBUS et al. 1976: 33).

Nicht alle Profile der Fließerden besitzen einen Durchmischungshorizont der oben beschriebenen Art. Oft ist eine schärfere Grenze zwischen dem Liegenden und dem Hangenden ausgebildet. Nicht selten sind zungenförmige Einpressungen von tonigem Untergrundmaterial in das Hangende (vgl. Abb. 4). Verschiedentlich werden die Steine in diesem Grenzbereich steilgestellt, ähnlich dem „Hakenschlagen"; sie „wandern" in die schneller fließende Decke hinein.

An steilen Hängen, insbesondere an vormals glazial übersteilten Unterhängen, kommen Rutschungen vor, die durch die periglazialen Klimabedingungen sehr gefördert werden. Natürlich sind auch hier wie in anderen Klimazonen vor allem „rutschungsfreudige" Gesteine wie Schieferton etc. für solche Vorgänge prädestiniert. Relativ selten sind m. E. große Schlammströme (vgl. auch LINELL und TEDROW 1981: 224 f.). Blockströme oder „Wanderblöcke", die über fremdes Gestein hinwegziehen, sind solifluidale Erscheinungen (vgl. POSER 1954: 150 ff.). Blockgletscher, also zungenförmige Anhäufungen von groben Blöcken, werden als glazial (KLAER 1983: 130 f.) oder auch als periglazial (BARSCH 1983: 135) gedeutet. Im letzten Fall enthalten sie kein Gletschereis, sondern vorwiegend dauergefrorenes mineralisches Material. BARSCH (1983: 135 ff.)

führt aus, daß bisher überzeugend nur die letzte Variante beschrieben worden sei. Laut WHALLEY (1983: 1399) ist indessen die Existenz von Permafrost für die Bildung von Blockgletschern nicht erforderlich. Blockgletscher sind typische Erscheinungen der Hochgebirge (vgl. auch BIRD 1967: 180). Aus diesen Gebieten werden auch Schnee- und Schuttlawinen als periglaziale Vorgänge beschrieben (z. B. WEISE 1983: 85f.). Die letztgenannten erzeugen Schuttmassen, die gelegentlich mit Moränen verwechselt wurden. Auch Sedimente von Schlammströmen wurden falsch gedeutet (ABELE 1979: 21ff.).

Insgesamt ist die geomorphologische Wirkung der Solifluktion als relativ gering anzusehen. Zwar wird zu unterscheiden sein zwischen verschiedenen Gebieten der rezenten Periglazialzone, ihren unterschiedlichen klimatischen und edaphischen Bedingungen, jedoch wurde schon darauf hingewiesen, daß Anzeichen von aktiv einwandernden Solifluktionsdecken in Gerinnebetten selten zu finden sind (vgl. jedoch BARSCH 1981: 148ff.). Außerdem zeigen z. B. in Westspitzbergen auf stark geneigten Hängen erhaltene Eiskeilnetze mit Moosvegetation in den Rinnen an, daß die Solifluktion solche Strukturen nicht beseitigt (SEMMEL 1976: 397). Ähnliche Erscheinungen sind dagegen in Südostspitzbergen seltener, so daß gefolgert wurde, daß größere Auftautiefen, wie sie in Westspitzbergen vorliegen, für die Solifluktion ungünstiger sind (BIBUS et al. 1976: 37).

2.4 Abspülung

FRENCH (1976: 141) stellt fest, daß die Hangabspülung (slopewash) als wichtiger abtragender Prozeß von der Periglazialforschung vernachlässigt worden ist. In der Tat wurde und wird der Solifluktion wohl in der Regel größere Beachtung geschenkt. Dennoch darf nicht übersehen werden, daß POSER (1932: 48) schon früh die Auffassung vertreten hat, daß abspülendes Wasser das Hauptagens der Landformung in nicht ständig vereisten arktischen Gebieten sei. Ähnlich äußerten sich auch DEGE (1941: 115f.), JAHN (1960: 55ff.) und BÜDEL (1962: 358f.). Eigene Untersuchungen (SEMMEL 1969: 48; BIBUS et al. 1976: 34ff.) ergaben Befunde, die zwar durchaus eine starke Differenzierung der Abspülung in verschiedenen Hangbereichen anzeigen, insgesamt jedoch diesen Abtragungsvorgang immer als dominierenden ausweisen. Zweifellos lassen die spezifisch periglazialen Umweltbedingungen dies auch oft erwarten. Das gilt vor allem für die vegetationsarmen oder -freien Areale der Frostschuttzone. Zudem führt die Frostverwitterung zu einer überdurchschnittlich starken Bereitstellung von Material, das leicht abgespült werden kann. Das gilt insbesondere für den Schluff, dessen Korngrößenbereich günstige Voraussetzungen für Erodierbarkeit und Transport bietet. Doch auch gröbere Komponenten werden, wie deren Ansammlung in Rinnen belegt, transportiert. Solche Schuttanreicherungen können nicht als bloßer Auswaschungsrückstand oder Produkt bevorzugten Steinauffrierens gedeutet werden, wie ein Vergleich mit dem Gehalt an entsprechenden Gesteinen in den benachbarten Substraten ergibt. Andererseits zeigt die Ansammlung von Grobschutt in Mulden und Runsen gerade auch den Abtransport des feineren Materials durch die Abspülung an. Oft ist der Einregelung des groben Materials in solchen Formen zu entnehmen, daß spülendes Wasser *und* Solifluktion beim Transport wirksam waren. Das gilt vor allem für die zahlreich vorkommenden Schuttfächer, die sich an den Unterhängen häufen. Sie liegen unterhalb zerrunster Hänge, die ebenfalls als deutlicher Beleg für die starke Wirkung der Abspülung zu deuten sind.

Auffällig ist indessen, daß die Hangzerrunsung im wesentlichen auf die steileren Hänge beschränkt bleibt. Die flacheren Reliefteile weisen häufig nur sehr flache Rinnen oder ähnliche Hohlformen auf, in denen sich sowohl freigespülte gröbere Komponenten wie auch Reste transportierten Feinmaterials ansammeln. Hänge mit kleinem Einzugsgebiet können trotz größerer Neigung völlig unzerschnitten bleiben, obwohl auf ihnen die Abspülung und nicht die Solifluktion der vorherrschende Abtragungsprozeß ist. Beispiele sind aus Spitzbergen beschrieben worden (SEMMEL 1969: 47f.; außerdem Bild 19).

Große Bedeutung für die periglaziale Abtragung wird der *subkutanen Ausspülung* zugemessen. WILLIAMS (1959: 6) bezeichnet diesen Vorgang als 'internal erosion', BÜDEL (1962: 352) als „Drainage-Spülung". Manche Autoren (z. B. DYLIK 1972: 172) sehen auch die „Thermoerosion" als wichtig an, die dadurch entstehen soll, daß beim Abschmelzen des Eises im Boden Mineralteilchen in Bewegung geraten und verspült werden können. Anzeichen für Feinmaterialtransport innerhalb von Schuttdecken und Frostmusterböden sind hinreichend bekannt. Neben Schluffbahnen sind dies vor allem die Feinschluffüberzüge auf den nach oben zeigenden Steinflächen im Schutt, die wegen ihrer von dem benachbarten Feinmaterial abweichenden Korngröße nicht als Frostpressungserscheinungen gedeutet werden können.

Messungen haben ergeben, daß die mechanische Abspülung unter Tundrenvegetation (LEWKOWICZ 1983) erheblich niedriger ist als in der Frostschuttzone (JAHN 1961). In der Tundrenzone ist der *chemische Austrag* wesentlich höher (LEWKOWICZ ib.: 705). Selbstverständlich wird die Wirkung der periglazialen Abspülung nicht nur durch die Vegetationsbedeckung beeinflußt, sondern auch durch die Faktoren, die üblicherweise hierbei eine Rolle spielen (Gesteinsbeschaffenheit, Hangneigung etc.). In periglazialen Gebieten erlangen zusätzlich episodische oder perennierende *Schneeflecken* Bedeutung in zweierlei Hinsicht. Einmal sind sie Quelle andauernden Abflusses, zum anderen ist ihr Untergrund oft vegetationsfrei und deshalb für die Abspülung gut zugänglich. Ihre Wirkung wird erhöht, wenn – wie in Periglazialgebieten häufig – oberflächennaher *Dauerfrostboden* den Oberflächen- und oberflächennahen (Interflow-)Abfluß verstärkt.

2.5 Flußarbeit

Über die Wirksamkeit der periglazialen Flußarbeit gibt es, insbesondere in der deutschen geomorphologischen Literatur, zwei in den Grundsätzen sich widersprechende Auffassungen. Einerseits (z. B. WIRTHMANN 1977: 46) wird davon ausgegangen, daß die Periglazialgebiete, vor allem die Dauerfrostbodenareale, starke Tiefenerosion im Sinne der „exzessiven Talbildung" BÜDELS (1969) begünstigen, andererseits werden diese Auffassungen als nicht zutreffend bezeichnet (z. B. WEISE 1983: 112 ff.). Da die entscheidende Frage jedoch zentral mit den geomorphologischen Auswirkungen des Dauerfrostbodens zusammenhängt, wird sie in Kapitel 2.6.2 eingehend behandelt. Hier soll zunächst nur die Frage erörtert werden, was die unabhängig vom Permafrost ablaufende fluviale Formung leistet.

Charakteristisch für die meisten periglazialen Flüsse ist, daß sie nur kurze Zeit im Jahr offenes Wasser führen und ein sehr großes Ungleichgewicht des Abflußverhaltens in dieser Zeit aufweisen. In der Regel bringt die Periode der Schneeschmelze eine – im Vergleich zum übrigen jahreszeitlichen Abfluß – extreme Hochwasserführung über ca. zwei Wochen. Dieses „typische" Abflußverhalten zeigt z. B. der Jasons Creek, ein kleiner Fluß der kanadischen Ark-

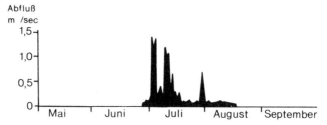

Abb. 6: Abflußkurve des Jasons Creek in der kanadischen Arktis (nach Angaben von FRENCH 1976).

tis (vgl. Abb. 6). Stärkere Vegetationsbedeckung im Niederschlagsgebiet kann zu einem stärker ausgeglichenen Abfluß führen, der sich gleichmäßiger über den gesamten (kurzen) Sommer verteilt. Kommen im Niederschlagsgebiet größere perennierende Schneefelder vor, so verursachen kräftige Regen oder jeder Einbruch von Warmluftmassen Schmelzperioden mit Hochwasserabfluß. Häufig werden dann erst im Spätsommer die „extremen" Abflußwerte erreicht. Viele periglaziale Wasserläufe bekommen sehr viel Schutt zugeführt. Die Frostverwitterung produziert bekanntlich große Mengen dieses Materials in sehr unterschiedlichen Korngrößen. Von den Steinschlagwänden steilerer Hänge gelangt der Schutt oft direkt in den Vorfluter, ansonsten über die auf den Hängen wirksame Abspülung und – weniger stark – über Solifluktion. Schließlich nehmen die Wasserläufe durch Uferunterschneidung viel Lockermaterial auf. Dadurch verstärkt sich die „Verwilderungstendenz", die nach Ansicht vieler Autoren für rezente periglaziale Wasserläufe typisch ist ('flat-flowed valleys' im Sinne von WASHBURN 1979: 249; 'braided stream channels' im Sinne von FRENCH 1976: 176). Diese Möglichkeiten der Aufnahme großer Mengen des Lockermaterials ist nach Ansicht von FRENCH entscheidend für die Entwicklung breiter, verwilderter Flußbetten. WASHBURN ist der Auffassung, daß solche Betten auch im festen Fels die Regel sind. Aufgrund eigener Erfahrung neige ich mehr zu der Auslegung FRENCHS. So ist beispielsweise von den lappländischen Wasserläufen ein breites Schotterbett überwiegend an Laufstücke mit Moränen, an Vorkommen von glazifluvialen und anderen Lockergesteinen gebunden. Ähnliches gilt auch für die sibirische Taiga, die großenteils wegen ihres Dauerfrostbodens der eingangs gegebenen Definition zufolge ebenfalls als Periglazialgebiet zu bezeichnen ist. Schließlich kann Ähnliches, soweit mir bekannt, gleichfalls in der nordwest-amerikanischen Arktis beobachtet werden. Von Bedeutung ist sicher das Prärelief, insbesondere wenn es glazial geprägt war. Weiterhin wird der Schuttanfall im Flußbett danach differenziert, ob die Hänge des Einzugsgebietes zur Frostschutzone oder zur dicht bewachsenen Tundrenzone gehören. Die Grenze zwischen beiden wird nicht nur klimatisch, sondern auch edaphisch bestimmt. Deshalb ist – wie immer, so hier ganz besonders – zu beachten, daß nicht Befunde aus einem stark edaphisch geprägten Periglazialmilieu zu sehr verallgemeinert werden.

Das Verhalten periglazialer Wasserläufe kann durch bestimmte Phänomene zusätzlich charakterisiert sein, wie etwa durch *Aufeis* (icing), das im Flußbett dann entsteht, wenn das unter hydrostatischem Druck stehende Flußwasser seine Eisdecke durchbricht und darüber gefriert. BÜDEL (1981: 89) beschreibt als weitere charakteristische Eigenschaft periglazialer Flüsse die Bildung von *Grundeis*. Dieses entsteht an Ufern und am Flußgrund infolge verminderter Fließgeschwindigkeit. Auf diese Weise soll mancher Wasserlauf in einer Eisröhre fließen. BÜDEL hält es für wahrscheinlich, daß der Frost auch in das Anstehende unter dem Fluß eindringt und dadurch das Gestein vorgelockert wird.

Wenn abschließend zu der schon zu Beginn dieses Kapitels aufgeworfenen Frage nach der Erosionsleistung periglazialer Flüsse Stellung genommen wird, so geschieht das ohne Berücksichtigung der Dauerfrostbodengebiete, da diese weiter unten eingehender behandelt werden. Weiträumige periglaziale Areale ohne Dauerfrostboden gibt es vor allem in Lappland und auf Island. Für die lappländische Tundrenzone gilt m. E. (SEMMEL 1969: 24 f.), daß die fluviale Eintiefung nach der Eisfreiwerdung dieses Gebietes bisher nur sehr geringe Beträge erreicht hat. Die Täler besitzen im wesentlichen noch die Merkmale der glazialen Formung. Für die Hochflächen Islands betont SCHUNKE (1975: 152 ff.), daß die Täler den aus Grönland und Spitzbergen beschriebenen Sohlentälern ähneln, die bekanntlich über Dauerfrostboden entwickelt sind, doch bewirke die fluviale Formung keine intensive Zerschneidung. Statt dessen dominiere die Flachformenbildung (vgl. jedoch S. 31 und SCHUNKE 1983: 364 ff.). Im Unterschied zu Lappland herrschen auf den isländischen Hochflächen Bedingungen der Frostschutzone vor. Diese ist jedoch weniger klimatisch als edaphisch bedingt (SCHWARZBACH 1963).

2.6 Der Dauerfrostboden
und seine geomorphologische Auswirkung

Als Dauerfrostboden (Permafrost) kann der Boden bezeichnet werden, der das gesamte Jahr hindurch gefroren ist. Es wird zwischen kontinuierlichem, diskontinuierlichem und sporadischem Permafrost unterschieden. Als grobe Faustregel darf gelten, daß Temperatur-Jahresmittel unter ca. − 6°C kontinuierlichen Permafrost, also dessen geschlossene Verbreitung, erwarten lassen (vgl. Abb. 7). Von diskontinuierlichem Permafrost wird gesprochen, wenn mehr als 50 % der Fläche dauernd im Untergrund gefroren sind, jedoch zahlreiche ungefrorene Partien *(Taliki)* vorkommen, die vom Permafrost eingeschlossen sein können oder Verbindung zum nicht dauernd gefrorenen Boden außerhalb des Permafrostes besitzen. Während der kontinuierliche Dauerfrostboden als mit dem rezenten Klima und den anderen ihn beeinflussenden Umweltfaktoren in Einklang stehend angesehen wird, handelt es sich bei dem diskontinuierlichen Permafrost vielfach um fossile Vorkommen, die aus kälteren Perioden, z. B. aus der letzten Eiszeit stammen. Als sporadischer Permafrost werden kleinere Permafrostinseln im ansonsten nicht dauernd gefrorenen Boden bezeichnet. Diese können ebenfalls fossil sein; häufig handelt es sich jedoch bei ihnen um „Vorposten" des Permafrostes, die an für die Entstehung von Permafrost günstige Stellen gebunden sind. Solche Positionen sind z. B. feuchte Stellen, die windexponiert liegen und deshalb schneefrei bleiben oder nur eine episodische dünne Schneedecke tragen. Der hohe Wassergehalt hat massive Bodeneisbildung zur Folge. Das Eis taut während des Sommers nicht völlig auf. Entsprechende sporadische Permafrostvorkommen sind häufig in den winterkalten und sommerkühlen, niederschlagsreichen Lagen der Skanden, der Alpen und anderer Hochgebirge anzutreffen. Als Formen für solche Permafrosterscheinungen können m. E. Blockgletscher gelten. Noch weiter verbreitet sind wahrscheinlich die *Palsen,* die als ständig gefrorene Torfkerne über das übrige nicht gefrorene Moor aufragen. Das organische Material isoliert den gefrorenen Kern besonders gut gegenüber der sommerlichen Auftauwärme.

Oben wurden schon einige Faktoren genannt, die das Aufkommen rezenten Permafrostes beeinflussen. Dazu gehört – wie schon erwähnt – vor allem das Jahresmittel der Lufttemperatur, auch die mittlere monatliche Lufttemperatur darf nicht zu hoch werden. Die

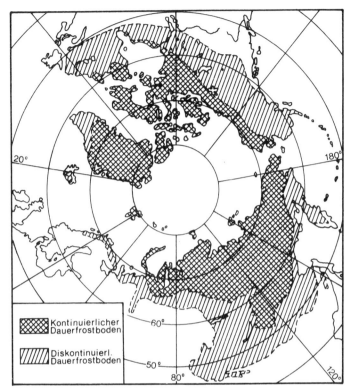

Abb. 7: Verbreitung des Dauerfrostbodens auf der Nordhalbkugel (nach Darstellungen bei WASHBURN 1979).
Isolierte Vorkommen von Dauerfrostboden in den südlicheren Hochgebirgen sind nicht berücksichtigt.

meisten Tage müssen eine mittlere Lufttemperatur von weniger als 0 °C haben. Die Schneedecke darf keine großen Mächtigkeiten erreichen, wie überhaupt der winterliche Niederschlag nur gering, der Jahresniederschlag insgesamt nicht allzu hoch sein darf. Genauere Zahlenangaben gibt es u. a. bei WEISE (1983: 21 ff.). Korrekturbedürftig ist m. E. die auch von WEISE vertretene Auffassung, das Vorkommen von Permafrost sei an kurze und relativ kühle Sommer gebunden. Das ostsibirische Verbreitungsgebiet von kontinuierlichem Permafrost schließt Gebiete ein, die zwar kurze, aber doch warme Sommer aufweisen. So hat beispielsweise Jakutsk genau wie Geisenheim im Rheingau ein Julimittel von 18,8 °C.

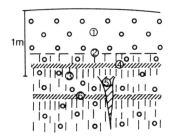

Abb. 8: Dauerfrostboden im Talboden des Brentskardets (Westspitzbergen).
1 = Auftauboden
2 = obere Grenze des Permafrostes
3 = eisdurchsetzter Permafrost, besonders eisreich unter fossilen
Mooshorizonten (4 und 6)
4 = jüngeres fossiles Moos (^{14}C-Alter: 1780 ± 120 a.b.p.)
5 = Eiskeil
6 = älteres fossiles Moos (^{14}C-Alter: 1785 ± 120 a.b.p.)

Derartige Julimittel sind wohl nicht als typisch für kühle Sommer
zu bezeichnen.

Die Mächtigkeit des Dauerfrostbodens wird ebenfalls oft mit
dem gegenwärtigen Klima in Beziehung gesetzt, obwohl es keiner
Frage bedarf, daß die bis in 1500 m Tiefe reichende Dauergefrornis
(Sibirien) unmöglich in so kurzer Zeit entstanden sein kann, daß
sich nicht mindestens die klimatischen Schwankungen des Holo-
zäns bemerkbar gemacht haben müßten. Außerdem zeigen die im
Permafrost konservierten Leichen von bereits im Spätpleistozän
ausgestorbenen Tieren an, daß seit dieser Zeit Dauerfrostboden
ununterbrochen existierte.

Der obere Teil des Permafrostes ist nicht isotherm; in ihm wirken
sich also jahreszeitliche und andere kurzfristige klimatische
Schwankungen aus. Der jährlich auftauende oberflächennahe Bereich wird als *Auftauboden* (active layer) bezeichnet. Der Boden
darunter, also der höchste Teil des ständig gefrorenen Bodens, ist
oft besonders eisreich (Tabereis). Laut BÜDEL (1969: 26), der diesen
Bereich „*Eisrinde*" nennt, finden hier periodisch, annähernd jährlich, Temperatur- und Volumenschwankungen statt. Insbesondere
soll „Tieffrostschwund", der während der niedrigen Wintertempe-
raturen entsteht, Kontraktionsrisse erzeugen (vgl. dazu LACHEN-
BRUCH 1962), in denen Kammeis entsteht, das ein Schließen der
Risse bei Temperaturanstieg verhindert. Dadurch erfolge totale
Zerrüttung des Gesteins. Detailgetreue Zeichnungen entsprechen-

der Ausschnitte des Dauerfrostbodens in Südostspitzbergen hat
Büdel wiederholt publiziert (u. a. 1981: 48, 59, 60). Eigene Untersuchungen in Westspitzbergen (Bibus et al. 1976: 33 ff.) bestätigen
die Existenz der Eisrinde. Nicht immer liegt allerdings die eisreiche
Zone direkt an der Basis des Auftaubodens. Das überrascht nicht,
denn kurzfristige Veränderungen in der Auftautiefe können zur
Folge haben, daß sich die „Eisrinde" noch nicht genügend entwik-
kelt hat. Bei Grabungen im Talboden zeigte sich andererseits, daß
unter alten, dicht mit Moos bedeckten Oberflächen der höchste
Eisgehalt direkt unter dem Moos liegt (vgl. Abb. 8). Wahrscheinlich ist das eine Folge des hohen Wassergehaltes im ehemaligen Auftauboden, der durch fortschreitende Sedimentation im Talboden
nunmehr ebenfalls Dauerfrostboden ist. Kammeis wäre in diesem
Fall am Aufbau der Eisrinde nicht beteiligt. Auch in anderen Fällen,
insbesondere bei der anschließend erörterten Eiskeilbildung, kann
die Eisbildung durch Oberflächen-, Grund- oder Bodenwasser
erfolgen (Washburn 1979: 105, mit weiterer Literatur; Weise
1983: 61).

Unter der „Zone der Eisrinde" folgt laut Büdel die „Zone der
Eiskeile". Hier soll es zu episodischen Temperatur- und Volumenschwankungen kommen, zurückzuführen auf wenige sehr
strenge und schneearme Winter (Büdel 1981: 49). Auch hier wird
mit – allerdings weniger intensiver – Riß- und Eisbildung, wie in der
„Zone der Eisrinde", gerechnet. Unter dieser Zone schließt sich
dann der isotherme Permafrost an, dessen Temperatur mit der Tiefe
in der Regel zunimmt. Die Erdwärme wirkt über den geothermi-
schen Gradienten dem von oben kommenden Gefrieren entgegen.
Die Obergrenze des isothermen Dauerfrostbodens ist also nach
Büdel zugleich die Untergrenze der tiefsten Eiskeile. Sie kann in
Sibirien 30 Meter erreichen (Büdel 1981: 61), auf Südostspitzbergen soll sie bei ca. acht Meter liegen. Als Gründe für diesen Unterschied werden die verschieden lange Bildungszeit (unter der letzt-
glazialen Eisbedeckung hat es auf Spitzbergen wahrscheinlich keinen Permafrost gegeben), die damit wohl ungleiche Häufigkeit von
Tieffrostereignissen und überhaupt die unterschiedliche Winter-
kälte angeführt.

In großen Arealen der Permafrostgebiete von Spitzbergen gibt es
keine Eiskeile. Ähnliches gilt auch für ehemalige Dauerfrostbodengebiete in Mitteleuropa. Die Ursache hierfür ist meines Wissens
noch nicht eindeutig geklärt. Läßt man sehr kompakte Festgesteine
(Basalt, unvergruster Granit etc.) außer Betracht, so fällt auf, daß

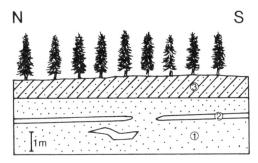

Abb. 9: Horizontale Eislinsen im Permafrost am Steilufer der Lena.
1 = dauernd gefrorener kiesiger Sand; 2 = Eislinsen; 3 = Auftauboden.

die Gesteinsbeschaffenheit nicht entscheidend sein kann für die Bildung von Eiskeilen. WASHBURN (1979: 104) hält sie in feinkörnigen feuchten Substraten für besonders wahrscheinlich. Auf Westspitzbergen sind aber Eiskeilnetze sowohl im groben Schotter als auch im Sand, im Sandstein und im Tonstein entwickelt. Häufig setzen sie allerdings an Schichtgrenzen und tektonischen Klüften an. An Klüften oder anderen Gesteinsgrenzen kann sich außerdem, worauf schon BÜDEL (1981: 63) hinweist, die Breite des Eiskeils sprunghaft verändern. Ansonsten nimmt sie mit der Tiefe ab, weil die episodischen, temperaturbedingten Volumenänderungen mit wachsender Tiefe seltener werden. Bei vielen Lockergesteinen können, da sie fehlen, solche Gesteinsstrukturen für die Anlage der Eiskeilpolygone indessen nicht entscheidend sein. Das gilt z. B. auch für horizontale Eislinsen, die 10 bis 20 Meter lang werden (vgl. Abb. 9).

Die in der Literatur häufig beschriebenen *Frostkeile* sind ebenfalls Tieffrostphänomene. Sie können aber ohne Dauerfrostboden entstehen, werden oft sogar im Auftauboden angetroffen (KATASONOW 1973: 87). Sie sind schmal (weniger als 5 cm breit) und zeigen kaum Sekundärspalten. Sie werden nicht vom Eis, sondern von Lockermaterial gefüllt. Schwierig ist es oft, aufgefüllte Eiskeile (Eiskeil-Pseudomorphosen) hiervon zu unterscheiden.

Der über dem Dauerfrostboden liegende *Auftauboden* wird nicht nur von den jährlichen und kurzfristigeren Regelationen (Wechsel von Auftauen und Wiedergefrieren) und den damit verbundenen Verwitterungsvorgängen beeinflußt, sondern zeichnet sich gegenüber dem Liegenden meist durch Verlagerung, Ausspülung von Feinmaterial und Einmischung von (äolischem, solifluidalem oder fluvialem) Fremdmaterial aus. Durch Steinauffrieren kann es im

Auftauboden auch zur „Entmischung" kommen und zur Stein-
pflasterbildung an der Oberfläche. Entmischung ist ebenfalls
durch Einsinken der Steine im Auftauboden und Anreicherung
über dem Dauerfrostboden möglich (SEMMEL 1969: 45 f.). Überhaupt laufen im Auftauboden die meisten Vorgänge ab, die für die
Entwicklung vieler Frostmusterböden entscheidend sind. Sie werden in der Regel sehr nachhaltig durch die Mächtigkeit des Auftaubodens beeinflußt, denn diese bestimmt mit Durchfeuchtung, Aus-
trocknung, Frosteindringtiefe während kurzfristiger Frostperioden
etc. die Materialverlagerungen im Auftauboden.

Die Auftautiefe ist von sehr verschiedenen Faktoren abhängig
(vgl. u. a. JAHN und WALKER 1983). Neben dem Klima spielen Vegetationsbedeckung und Vegetationsart, Zusammensetzung des
Gesteins, Relief, Wasserhaushalt, Schneedecken und Schneeflecken
eine Rolle (vgl. auch POSER 1932: 25 f.). In Südostspitzbergen ist auf
vegetations- und schneefleckenfreiem Gelände eine Auftautiefe
zwischen 40 und 70 cm zu beobachten. In bindigeren Substraten
steigt die Permafrostoberfläche an, in sandigeren fällt sie ab (SEM-
MEL 1969: 42). Unter steinigen Lagen, so z. B. bei den von BÜDEL
(1960: 29) beschriebenen groben Kiesmänteln von Frostmusterböden, kann die Permafrostoberfläche jedoch auch deutlich ansteigen.
FURRER (1959: 278 und 289) machte in Westspitzbergen ähnliche
Beobachtungen. Der starke Schmelzwasserabfluß in den steinigen
Lagen führt zur Ausbildung einer Eisschicht auf dem Permafrost,
die schwerer auftaut als der benachbarte Mineralboden (SEMMEL
1969: 43). Umgekehrt kann, was für das angeführte Beispiel nicht
zutrifft, kräftiger, den ganzen Sommer über anhaltender Was-
serfluß besonders große Auftautiefen bewirken. Solche wurden von
uns beispielsweise in Schwemmfächern Westspitzbergens gemessen. In den Talböden liegen die größten Auftautiefen ebenfalls unter
den während des Sommers ständig durchflossenen Rinnen (vgl.
Abb. 10).

Im zentralen Westspitzbergen sind im Bereich der Frostschuttzone ähnliche Auftautiefen wie in Südostspitzbergen anzutreffen
(BIBUS et al. 1976: 32). Stärkere Schwankungen gibt es jedoch in der
Tundrenzone (Moostundra). Hier sind je nach Dichte und Dicke
der Vegetationsbedeckung, der Unterschiede im Humusgehalt des
A_h-Horizontes Auftautiefen zwischen 20 und 110 cm gemessen
worden. Die Auftautiefe wird auch durch überdeckte fossile Hu-
mushorizonte beeinflußt (TEDROW 1965). Unter Schneeflecken ist
der Boden vielfach ständig gefroren.

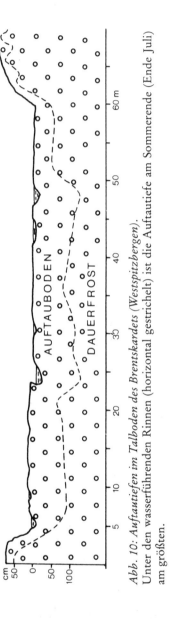

Abb. 10: Auftautiefen im Talboden des Brentskardets (Westspitzbergen).
Unter den wasserführenden Rinnen (horizontal gestrichelt) ist die Auftautiefe am Sommerende (Ende Juli)
am größten.

In Zentralsibirien erreicht die Auftautiefe unter Lärchenwald 150 bis 200 cm. Dort hat sich im Auftauboden weit verbreitet ein Boden mit den typischen Merkmalen einer Braunerde beziehungsweise Parabraunerde entwickelt. Die Entwicklungstiefe dieser Böden ist gering, in der Umgebung von Jakutsk haben z. B. Parabraunerden aus Löß ein maximal 40 cm mächtiges Solum (SEMMEL 1983: 86). Der Tonanreicherungshorizont solcher Böden wird durch aszendente Kalkzufuhr aus dem Löß beeinflußt. In Anmoor-Arealen liegt unter dem gut isolierenden, 30 bis 50 cm mächtigen, stark humosen Horizont kompaktes Bodeneis. Ähnliches gilt auch für die bewaldeten Gebiete Alaskas. Hier ist allerdings nur diskontinuierlicher Permafrost anzutreffen. BROWN et al. (1983: 95) nehmen an, daß weitverbreitete kleine Hügel mit Eiskernen in den zentralen Brooks Ranges dadurch entstanden sind, daß Eislinsen im stark humosen Auftauboden Wasser aus der Umgebung anzogen, das die massive Eiskernbildung ermöglichte. VIERECK (1982: 134) bringt aus dem zentralen Alaska Beispiele dafür, wie Waldbrände die Auftautiefe vergrößern und erneut aufkommende Vegetation (Moosbedekkung) sofort wieder zum Ansteigen der Permafrostoberfläche führt.

2.6.1 Beeinflussung der Denudation

Der Dauerfrostboden hat hinsichtlich der Denudation in rezenten Periglazialgebieten zwei wesentliche Wirkungen. Einmal beeinflußt er durch seine Undurchlässigkeit den Wassergehalt des oberflächennahen Materials, insbesondere des Auftaubodens, in der Weise, daß häufig starke Durchfeuchtung, ja wiederholt Wassersättigung vorliegt. Dadurch werden die Massenverlagerungen stark gefördert. Zum anderen wird durch die „Eisrinde" im oberen Teil des Dauerfrostbodens das Gestein, vor allem auch das Festgestein, zerrüttet und damit dessen Verwitterung und Verlagerung wesentlich erleichtert. Es gebührt wohl BÜDEL (u. a. 1969: 26) das Verdienst, diesen letztgenannten Effekt in seiner Bedeutung für die Abtragung in vollem Umfang erkannt zu haben.

Die oft vertretene Auffassung, die Oberfläche des Dauerfrostbodens hätte als Gleitfläche für die Solifluktion Bedeutung, ist schon von DEGE (1941: 96) und HERZ (1964: 51) in Frage gestellt worden. Sie beobachteten in Westspitzbergen, daß die Grenze zwischen Fließerde und nicht verlagertem Gestein deutlich höher als die

Oberfläche des Permafrostes lag. In Südostspitzbergen läßt sich dagegen beobachten, daß häufig die bewegte Zone bis zur Grenze des Dauerfrostbodens reicht (SEMMEL 1969: 42). Allerdings gibt es auch dort Profile, in denen der unterste Teil des Auftaubodens kaum oder gar nicht verlagert worden ist.

Eigene Untersuchungen im zentralen Westspitzbergen ergaben, daß auch dort Material des Auftaubereichs auf den Hängen größtenteils durch Hangabwärtsfließen bewegt wurde bzw. wird (BIBUS et al. 1976: 32f.). Der unterste Bereich zeigt dabei Merkmale des Hakenschlagens. Auf der Basis von 30 Grabungen bis in den Dauerfrostboden ist davon auszugehen, daß das oben skizzierte Bild den Regelfall auf den Hängen darstellt. Nur in wenigen Grabungen erfaßt der Auftaubereich unverlagertes Anstehendes, wie auch umgekehrt vereinzelt zu beobachten war, daß die Verlagerungszone sich im Permafrostbereich fortsetzt, also ein fossiler Auftauboden vorhanden war. In allen Profilen war der untere Teil des Auftaubodens gut durchfeuchtet (vgl. auch SMITH 1956: 17; SEMMEL 1969: 45), so daß davon ausgegangen werden muß, daß der Dauerfrostboden tatsächlich die Ursache stärkerer Durchfeuchtung in den Fließerden ist und insgesamt solifluidale Verlagerung fördert. Dabei bleibt eine hiervon nicht direkt abhängige schnelle Verlagerung in den oberen Teilen der Fließerden, wie sie unter dem Kapitel „Massenverlagerung" beschrieben wurde, unbestritten.

Der Dauerfrostboden fördert die Abtragung durch Solifluktion, vor allem aber – wie schon betont – auch dadurch, daß das Festgestein durch den Eisrinden-Effekt zerkleinert wird. Dieser Vorgang ist in Abb. 11 näher dargestellt. Dort wird an einem Beispiel von der Edge-Insel (Südostspitzbergen) gezeigt, wie der Permafrost eine härtere Gesteinsbank zerrüttet und die Gesteinsbrocken hangabwärts wandern. Zwar bildet die Bank trotz dieser Zertrümmerung eine Kante im Hang, jedoch darf angenommen werden, daß ohne Permafrosteinwirkung eine viel steilere Stufe ausgebildet wäre. Die Anfälligkeit der Festgesteine für Eisrindenbildung ist indessen recht unterschiedlich. So weist z. B. BÜDEL (1981: 62) darauf hin, daß weitständig zerklüfteter Basalt sehr stabil gegenüber diesem Effekt sei. Es ist jedoch nicht nur der Basalt in diesem Zusammenhang anzuführen, sondern generell gilt m. E., daß die an sich morphologisch härteren Gesteine auch unter den Bedingungen des Dauerfrostes als Hangkanten herauspräpariert werden. Solange solche Stufen nicht in Hangfußposition von mächtigen Schuttmassen verdeckt werden, ist also auch auf den Solifluktionshängen der Wechsel

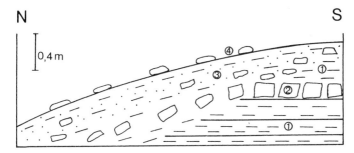

Abb. 11: Zerrüttung von Festgestein durch Bodeneis im Permafrost (Edge-Insel; Südostspitzbergen).
1 = Schieferton im Permafrost
2 = Mergelsteinbank, durch Eis zersprengt
3 = Solifluktionsschutt im Auftaubereich
4 = Steinpflaster
Die Mergelsteinbank macht sich morphographisch durch einen Hangknick bemerkbar.

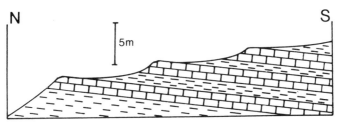

Abb. 12: Herauspräparierte Mergelsteinkanten auf der Edge-Insel (Südostspitzbergen).

zwischen harten und weichen Gesteinslagen gut zu erkennen. Die Abb. 12 zeigt ein entsprechendes Beispiel.

Im frühen Sommer, häufig auch während des ganzen Sommers, fließt in den Solifluktionsdecken auf der Oberfläche des Dauerfrostbodens Wasser ab. Dieses führt feinkörniges Material mit sich und leistet so einen erheblichen Beitrag zur Abtragung. Der Vorgang wird als „Innere Erosion" (WILLIAMS 1959: 6) oder „Drainage-Spülung" (BÜDEL 1962: 352) bezeichnet. Fraglich ist, ob auf diese Weise gröbere Sandlagen entstehen, die manchmal im Auftau-boden, vor allem an dessen Basis zu finden sind. Daß es sich nicht immer nur um einen Ausspülungsrückstand handeln kann, zeigt eine wiederholt beobachtete Schichtung an. Ähnliche Phänomene gibt es bekanntlich auch in fossilen Solifluktionsdecken (Semmel 1968: 70 und 81). Wahrscheinlich ist in solchen Fällen eine Schwemmsandlage von Fließerden überwandert worden. Ohne Zweifel wird auch der Oberflächenabfluß und mit ihm die Abtragung durch den Dauerfrostboden gefördert. Da keine Versik-kerung in den Dauerfrostboden hinein erfolgen kann, wird der Niederschlag, soweit er nicht als Schnee oder Eis gebunden bleibt, weitgehend den Vorflutern zugeführt. Die dadurch auftretende Hangabspülung ist vor allem während der Schneeschmelze wirksam. Später kommt es nur bei sehr starken (seltenen) Niederschlägen oder unterhalb von Schneeflecken zu kräftiger Abspülung. Diese ist um so intensiver, je geringmächtiger der Auftauboden, je geringer seine Speicherfähigkeit ist und je dürftiger Vegetation den Hang bedeckt (vgl. entsprechende Messungsergebnisse von Jahn 1961 und Lewkowicz 1983 sowie entsprechende Ausführungen bei Bird 1967: 236).

2.6.2 Beeinflussung der Flußarbeit

Es wurde schon betont (S. 15), daß die Frage, welche Auswirkung die Existenz von Dauerfrostboden auf das Verhalten von Fließgewässern hat, sehr unterschiedlich beantwortet wird. Das bezieht sich vor allem auf das Problem, ob die Dauerfrostbodenge-biete – wie Büdel (u. a. 1969) ausführt – „die Zone exzessiver Talbildung" sind, oder ob vielmehr die Tiefenerosion gering zu veranschlagen ist. Zu Recht weist allerdings Weise (1983: 114) darauf hin, daß diese Frage fast nur in der deutschen geomorphologischen Literatur erörtert wird. Im angelsächsischen Bereich nimmt Washburn (1979: 77f.) anhand deutscher Literatur zu dieser Frage Stellung. French (1976: 173ff.) erörtert die Bedeutung der 'thermal erosion' im Permafrostbereich durch das Flußwasser. Sie hätte erheblichen Anteil an der Entwicklung der breiten, verwilderten Flußbetten, da sie die Uferunterschneidung fördere. Bird (1967: 235) findet keine gravierenden Unterschiede, wenn er das Erosionsverhalten der großen Flüsse der kanadischen Arktis mit dem der großen Flüsse in südlicheren Gebieten vergleicht. Die Betten kleiner Wasserläufe der kanadischen Arktis sind laut Bird (ib.: 235f.) während des Hauptanfalls des Schneeschmelzwassers im Frühjahr noch gefroren und durch Eis geschützt. Die geomorphologische Rolle eines solchen Flusses sei nicht einfach zu beurteilen; dennoch

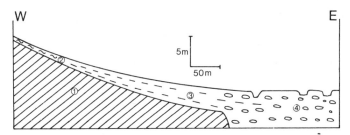

Abb. 13: Übergang vom Hang zum Talboden eines periglazialen Tals (Westspitzbergen).
1 = Schieferton; 2 = Solifluktionsschutt; 3 = Schwemmschutt; 4 = Schotter

hält BIRD es für sicher, daß in manchen Gebieten in Sedimentgesteinen der Frostschuttzone Tiefenerosion stattfindet, weil im Sommer die Auftautiefe unter den Bächen groß ist und die Gesteine wassergesättigt sind. Im folgenden Winter sei die Frostverwitterung hier besonders wirksam. Der angefallene Schutt werde durch die Frühjahrswässer abgeführt. So entstehe ein jährlicher Zyklus von Verwitterung im Winter und Transport im Sommer.

Diese Auffassung unterscheidet sich kaum von der BÜDELschen *Theorie* des *Eisrinden-Effektes* (BÜDEL 1962), die davon ausgeht, daß die Eisrinde unter den Wasserläufen das Gestein zersprengt und dieser Schutt für den Abtransport nur aufgeschmolzen zu werden braucht. Diese These hat breite Zustimmung und Eingang in die Lehrbücher der deutschen Geomorphologie gefunden (GRAUL und RATHJENS 1973: 129f.; LOUIS und FISCHER 1979: 277). So überzeugend diese Theorie auch wirken mag, bisher sind kaum Feldbeobachtungen aus rezenten Periglazialgebieten mitgeteilt worden, die als Beweise gewertet werden können. Im Gegenteil ergaben Untersuchungen im zentralen Westspitzbergen (BIBUS et al. 1976), in der kanadischen Arktis (NAGEL 1977; BARSCH 1981; FLÜGEL und MÄUSBACHER 1983) und in Grönland (STÄBLEIN 1977), daß die dortigen Wasserläufe das pleistozäne glaziale Relief nicht deutlich zerschnitten haben. Die Formulierung BÜDELS (u. a. 1981: 80), Untersuchungen von mir in Westspitzbergen hätten die Verbreitung der Eisrinde und deren Rolle als Motor der Tiefenerosion bestätigt, ist in ihrem zweiten Teil mißverständlich, wurde doch gerade von mir (SEMMEL 1976) dargelegt, daß zwar der eisdurchsetzte Dauerfrostboden unter den periglazialen Talböden des zentralen Westspitzbergens vorhanden ist, diese Talböden aber Aufschüttungs- und

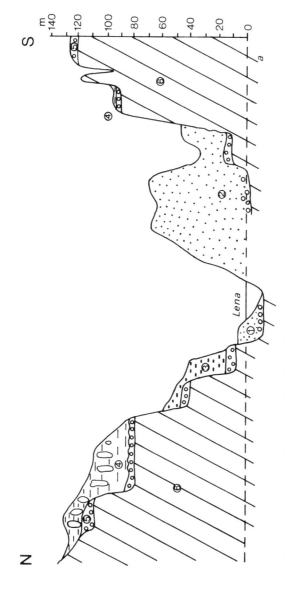

Abb. 14: Querschnitt des Lenatals südlich Jakutsk.
1 = heutiger Talboden
2 = an der Basis alt- und mittelpleistozäne Schotter, im Hangenden jungpleistozäne äolische Sedimente
3 = mittelpleistozäne lakustrische Sedimente über altpleistozänen Schottern
4 = mittelpleistozäne lakustrische Sedimente mit Eiskeilen über altpleistozänen Schottern
5 = pliozäne Schotter
6 = Felsen
Die Lena war im älteren Pleistozän bereits bis in das Niveau des heutigen Talbodens eingetieft (nach ALEKSEEV et al., 1982).

nicht Erosionsformen darstellen, somit keine Anzeichen für exzessive Talbildung vorliegen. Ein entsprechender Talquerschnitt ist in Abb. 13 dargestellt. Meine Ausführungen wurden von verschiedenen anderen Autoren auch eindeutig so verstanden (u. a. WASHBURN 1979: 78).

Auch die von BÜDEL (1981: 86 ff.) angeführten Beispiele für die Wirkung des „Eisrinden-Effektes" als Motor der Tiefenerosion in der ostsibirischen Taigazone beziehen sich auf Lockergesteine (vgl. SEMMEL 1984: 38). Dort, wo die Flüsse harte Gesteine queren, wie z. B. die Lena südlich von Jakutsk im Bereich kambrischer Kalke, liegen mittelpleistozäne Kiese im Niveau der heutigen Aue (Abb. 14). Außerdem fehlt nach sowjetischen Angaben unter den großen Flüssen der Dauerfrostboden.

Für die periglazialen Täler kanadischer Kalkgebiete kommt BIRD (1967: 267 f.) zu dem Ergebnis, daß die postglaziale Taleintiefung gering ist (vgl. auch BIRD 1974: 713 f.). Tief eingeschnittene Täler seien wahrscheinlich älter. Schmale, 12 bis 15 m tiefe Cañons seien möglicherweise postglazial. Gleichwohl wird der durch Permafrost geförderten Einschneidung in weichere Gesteine große Bedeutung zuerkannt (vgl. auch oben). SCHUNKE (1983: 364 ff.) vertritt unter Hinweis auf BÜDEL (1962) und HAGEDORN und POSER (1974) die Auffassung, in der polaren Periglazialzone entfalte die Talformung besondere Wirksamkeit (vgl. jedoch dagegen PRIESNITZ und SCHUNKE 1983, die der Pedimentierung den Vorrang geben). Allerdings sei nicht die Annahme des „Eisrinden-Effektes" nötig, denn in dauerfrostbodenfreien Gebieten Islands könnten ähnliche Eintiefungsraten (sogar auf Basalten) gemessen werden wie in Gebieten mit kontinuierlichem Permafrost. Ausschlaggebend sei die Transportkraft des konzentrierten nivalen Oberflächenabflusses. TRICART (1963: 139) ist der Ansicht, daß kleine periglaziale Flüsse in der heutigen Arktis nicht in der Lage sind, den von den Hängen anfallenden Schutt abzutransportieren. STÄBLEIN (1983: 73) findet jedoch in Ostgrönland in letztglazial nicht vereisten Gebieten mit Sedimentgesteinen reife periglaziale Sohlentäler mit ausgeglichenen Längsprofilen, die Gesteinsunterschiede ohne Gefällsbrüche überwinden und an ihrem Boden eisreichen Permafrost aufweisen. Es sei aber nicht sicher, ob hier der „Eisrinden-Effekt" wirksam werde. Insgesamt gesehen kann der derzeitige Forschungsstand wohl so zusammengefaßt werden, daß der Nachweis einer Zone exzessiver Talbildung, die durch den eisreichen oberen Teil des Dauerfrostbodens bedingt ist, noch aussteht.

2.6.3 Thermokarst

In den Permafrostgebieten sind oft abflußlose Hohlformen anzutreffen, die echten Karstformen ähneln. Sie sind jedoch nicht durch chemische Lösung, sondern durch begrenztes Austauen des Permafrosteises, des „Grundeises", entstanden. Klimaveränderungen können das Austauen des Permafrostes bewirken, ebenso aber auch anthropogene Eingriffe oder natürliche Veränderungen im Dauerfrostbodenregime. So geht man davon aus, daß die *windorientierten Seen* in den nordamerikanischen Küstenebenen (Abb. 15) dadurch entstehen, daß durch den Permafrostdruck die Oberfläche der Eiskeilwülste immer höher gedrückt und die Tundrenvegetation auf ihnen durch Wind zerstört wird. Dadurch geht die Isolierung des Permafrostes weitgehend verloren, und verstärktes Auftauen entlang der Grenzen der Eiskeilpolygone setzt ein. In den Auftaufurchen sammelt sich Wasser in einer Mächtigkeit, die das Thermalregime wesentlich verändert. Wasser hat eine größere spezifische Wärme als Eis, und Eis hat eine größere als Mineralboden. Wenn also der Tauprozeß erst einmal begonnen hat, verstärkt er sich dort, wo die Wärme zum vollständigen Tauen des Eises ausreicht. Dadurch vergrößert sich die Wassertiefe von Sommer zu Sommer, und es entsteht ein „Tausee" (vgl. Abb. 16, Stadium 2). Mit einer gewissen Wassertiefe wird der Zustand erreicht, bei dem auch über Winter das Wasser nicht mehr vollständig gefriert. Der Permafrost taut in der Tiefe und seitlich stärker aus (Abb. 16, Stadium 3). Die Windeinwirkung führt wahrscheinlich zur stärkeren Erosion an der Luvseite und damit auch zur Entwicklung von Strandwällen, die die Wellenerosion verringern. Das wärmere Oberwasser wird zu den Seiten gedrängt und bewirkt hier ein schnelles Wachsen der Thermokarstform. Deshalb liegen die Seen mit ihrer Längsachse bevorzugt quer zu den warmen Sommerwinden.

Es sei angemerkt, daß die Orientierung dieser Seen auch anders erklärt wird. Die obige Deutung folgt Darstellungen bei BROWN und KREIG (1983: 209). Andere Autoren gehen von einer Wanderungsrichtung *mit* den vorherrschenden Sommerwinden oder von tektonischen Einflüssen aus (WASHBURN 1979: 272 f.).

In Sibirien sind *Alase* verbreitet; das sind Thermokarstformen mit steilen bewaldeten Hängen und ebenem Graslandboden (CZUDEK und DEMEK 1970: 111). Sie können durch Waldbrände entstehen, die den Isolationsschutz für den Permafrost beseitigen. Häufig

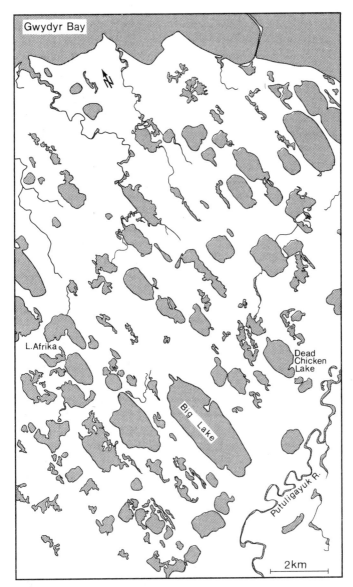

Abb. 15: Windorientierte Seen an der Prudhoe Bay in Nordalaska (nach einer Vorlage der SOHIO Alaska Petroleum Company).

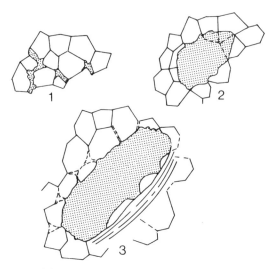

Abb. 16: Entwicklung eines windorientierten Sees (nach Angaben von
BROWN und KREIG 1983).
1 = Einsetzen des Auftauens an Eiskeilpolygongrenzen (Wasserfüllung
    punktiert)
2 = Vergrößerung des Thermokarstareals zu einem Tausee
3 = „Strandwallbildung" am Luvufer des Tausees und seitliche Ab-
    drängung des warmen Wassers, dadurch seitliche Vergrößerung des
    Tausees

Abb. 17: Thermokarstkessel am Aldan (Ostsibirien).
Die heller dargestellten Teile der Steilwand sind riesige Eiskeile.

sind Seen in ihnen zu finden, deren Verlandung mit der Sedimentation von organischem Material verbunden ist, welches wiederum
die Entwicklung des Dauerfrostbodens fördert. Als charakteristische Permafrostformen werden in solchen Positionen oft *Pingos*
angetroffen, die für ihr Wachsen reichlich Wasser benötigen (vgl.

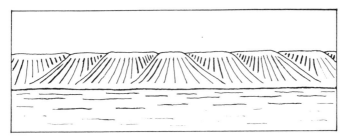

Abb. 18: Durch ausgetaute Eiskeile gegliederter Lenahang.
Das Austauen hat nur den ufernahen Bereich erfaßt. In wenigen Metern
Entfernung vom Fluß ist der Permafrost mit den Eiskeilnetzen erhalten und
die Oberfläche nicht zerkerbt.

S. 45). In den Hängen der sibirischen Täler liegen an vielen Stellen
auch rundliche Nischen (thermocirques), die durch Austauen des
Permafrostes entstanden sind. Im Gegensatz zu den Alasen wird in
ihnen Material auch durch Oberflächentransport abgeführt (vgl.
Abb. 17). Das Material gelangt in die Wasserläufe, die ihre oft steilen Hänge durch Antauen des Permafrostes am Ufer seitlich verle-
gen *(Thermoerosion)*. Das gilt allerdings nur für die Prallhänge.
Hänge, die nicht direkt vom Fluß angegriffen werden, schrägen ab
und werden von der Taiga zurückerobert. Entlang der Lena leuch-
ten die Gesteinsfarben der in aktiver Formung begriffenen Hänge
weit durch das Taigagrün der übrigen Landschaft. Die gegenwärtig
weniger stark angegriffenen Hänge zeigen dagegen Abschrägung
und eine Zerkerbung, die auf austauende Eiskeilnetze zurückzuführen ist (vgl. Abb. 18).

2.7 Formen der rezenten Periglazialgebiete

In den bisherigen Kapiteln sind im Zusammenhang mit den For-
mungsvorgängen vielfach auch schon die Formen behandelt worden, die den spezifischen Vorgängen ausgesetzt beziehungsweise
die Produkt dieser Vorgänge sind. Das gilt insbesondere für das
vorstehende Kapitel „Thermokarst". Formen des Thermokarsts
sind jedoch landschaftsgestaltende Elemente der Periglazialgebiete,
die keiner besonders starken Veränderung der Oberfläche durch
typisch periglaziale Vorgänge unterliegen. Thermokarst ist am
stärksten in Waldgebieten verbreitet. Wald reduziert ebenso wie

dichte Tundrenvegetation die Wirkung der Denudation ganz erheblich.

In wirklich weiter Verbreitung ist typisch periglaziale Reliefformung wohl nur auf Hängen der Frostschuttzone im Sinne von BÜDEL (1948) möglich. Zu dieser Schlußfolgerung gelangt, wenngleich mit Einschränkungen, auch BÜDEL (1981: 84 ff.) bei der Betrachtung der Hangformung in den heutigen Tundrengebieten. Als wesentliches Merkmal periglazialer Formung gelten Frostmusterböden.

2.7.1 Frostmusterböden

Frostmusterböden (im Sinn von TROLL 1944: 522) entstehen durch Frost, dessen Wirkung zu einer Musterung der Oberfläche führt. Frostmusterböden gelten bis heute als ein besonders markantes Zeichen für das Vorherrschen periglazialer Bedingungen (KARTE 1979). Der Formenreichtum ist enorm, und es ist nicht damit zu rechnen, daß Publikationen über neue Funde auf diesem Gebiet in absehbarer Zeit nicht mehr erscheinen werden. Im folgenden sollen nur die m. E. am weitesten verbreiteten Formen angeführt werden. Der nach weiterer Information verlangende Interessent sei u. a. auf MEINARDUS (1912), POSER (1931), TROLL (1944), WASHBURN (1956) und BÜDEL (1981) verwiesen. Da innerhalb der Formenvielfalt ein deutlicher Unterschied zwischen der überwiegend vegetationsfreien Frostschuttzone und der Tundrenzone zu beobachten ist, sind die nachstehenden Ausführungen entsprechend gegliedert.

2.7.1.1 Frostmuster der Frostschuttzone

Unter „Frostschuttzone" wird hier in Anlehnung an BÜDEL (1948) der periglaziale Bereich verstanden, der keine oder nur sehr schüttere Vegetation trägt. Es wurde schon früher betont (SEMMEL 1969: 54), daß Frostmusterböden z. B. keineswegs den größten Teil des Geländes in der Frostschuttzone Südostspitzbergens einnehmen; dennoch kommen die eindrucksvollsten aktiven Formen ohne Zweifel in den Kerngebieten der Frostschuttzone vor. Solche Formen stellen „Strukturböden" im Sinne von MEINARDUS (1912: 257) dar; sie zeichnen sich also durch Materialsortierung aus. Ihre Vorkommen außerhalb der rezenten Frostschuttzone (entsprechende Beschreibungen u. a. MIETHE 1912: 241 f.; FURRER 1959: 309) sind wahrscheinlich ältere Bildungen und derzeit inaktiv (SEMMEL 1969: 41 f.). Zu ähnlichen Befunden gelangten auch FEDEROFF (1966a: 95), SCHWARZBACH (1963: 87) und THORARINSSON (1964: 328 f.). Eine typische Strukturbodenform besitzt einen Feinerdekern, der von gröberem Material umgeben ist (Steinring, sorted circle). Am häufigsten kommen solche Formen an Stellen vor, die besonderer Frosteinwirkung ausgesetzt sind (z. B. schneearme Lagen, primär höherer Feinerdegehalt, stärkere Durchfeuchtung), so daß die Kornzerkleinerung, die Frosthebung und das Steinauffrieren eine Sortierung mit entsprechendem Oberflächenbild bewirken. Neben diesen typischen Strukturböden gibt es Formen, die auf polygonale Spaltenbildung infolge Tieffrostschwund oder Trockenreißen zurückzuführen sind. Zu diesen Bildungen können auch die mehrere Meter Durchmesser erreichenden Eiskeilpolygone gezählt werden.

TROLL (1944: 618) deutet die kleineren Strukturböden als Ergebnis tageszeitlicher, die größeren als Produkt jahreszeitlicher Regelation (Gefrier- und Auftauzyklus) und verweist auf das Vorherrschen der Kleinformen in den tropischen Hochgebirgen einerseits, auf die Dominanz der Großformen in den polaren Gebieten andererseits. Eine so klare Verbindung zwischen Formengröße und Frostwechseltyp ist aber wohl nicht haltbar, kommen doch in den Polargebieten verbreitet Großformen vor, die auch jahreszeitlich nur partiell aktiv sind (SEMMEL 1969: 9). Dennoch ist KARTE (1979: 63) zuzustimmen, wenn er aufgrund der Auswertung von neuerer Literatur zu dem Ergebnis kommt, daß in Übereinstimmung mit TROLL ein planetarischer Wandel des *relativen* Anteils von Makro- und Miniaturformen innerhalb des auftretenden Strukturbodeninventars zu erkennen ist. Einwandfrei frostbedingte Makroformen sind m. E. aus den tropischen Hochgebirgen bisher selten zweifelsfrei belegt worden.

In allen Gebieten der Frostschuttzone gehen die Netze und Polygone der Frostmusterböden bei zunehmender Hangneigung in längliche Formen über und werden schließlich über „Halbmonde", „Sicheln" zu „Streifen". BÜDEL (u. a. 1981: 68 ff.) sieht hierin die Wirkung der *Solifluktion* (hangabwärts gerichtetes Bodenfließen), die die reinen Kryoturbationsformen der flachen Areale ablöst. Aufgrund eigener Untersuchungen ist m. E. aber eher davon auszugehen, daß auch bei den meisten dieser Formen die Aufpressung

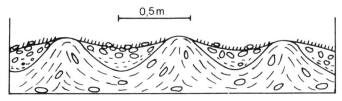

Abb. 19: *Steinstreifen auf der Barents-Insel (Südostspitzbergen).*
Das Liegende besteht aus Schieferton mit einzelnen Sandsteinen. Darüber
lag ursprünglich ein Sandsteinschutt. Durch kryoturbate Aufpressung des
Schiefertonmaterials entstand die Differenzierung in Feinerde- und Steinstreifen.

von Feinmaterial entscheidend ist (vgl. Abb. 19). Diese setzt sich
hangabwärts wahrscheinlich infolge stärkerer Durchfeuchtung fort
(SEMMEL 1969: 40). BÜDEL (1962: 365) nimmt an, daß den Fein-
materialstreifen – ähnlich wie den Feinerdekernen – auch durch
Schmelzwasser Substrat zugeführt wird (vgl. auch HERZ und
ANDREAS 1966: 194). In jedem Fall ist aber die Erklärung der Fein-
erdestreifen nur als solifluidal langgezogene Feinerdeflecken allein
wegen der geringen Masse der letzteren nicht befriedigend.

2.7.1.2 Frostmuster der Tundrenzone

Sobald die Frostschuttzone an geschützteren Lagen in die
„Moostundra" übergeht, dominieren unter den Frostmusterböden
Formen, die durch das frostdynamische Zerreißen der Vegetationsdecke bedingt sind. Echte Strukturböden mit Sortierung sind seltener. Besonders weit verbreitet sind Steinflecken (nonsorted circles),
Erdflecken (mudpits) und ihre bei entsprechendem Hanggefälle
einsetzenden Streifenformen (nonsorted stripes etc.). Ihre Entstehung ist auf ähnliche Vorgänge zurückzuführen, wie sie bei der
Formenentwicklung in der Frostschuttzone ablaufen. Insbesondere
spielen jedoch Prozesse zusätzlich eine Rolle, die die Vegetationsdecke zerstören oder beschädigen. Dies sei an einem Beispiel aus
dem äthiopischen Hochland verdeutlicht, wo am Mount Batu ab
4100 m NN Erdflecken sehr zahlreich zu finden sind (SEMMEL
1971: 207; vgl. auch WERDECKER 1962: 140). Die ersten dieser Formen kommen massiert schon ab 3900 m NN in einem Maultierpfad
vor, in dessen Bereich die Gras- und Krautschicht durch Viehtritt
wiederholt gestört ist. An diesen Stellen dringt der Frost natürlich

bevorzugt ein, was verglichen mit der Umgebung zu bevorzugter Frosthebung und weiterer Vegetationszerstörung führt.

Die Vegetationsumgrenzung der Frostaufbrüche veranlaßt dazu, bei Formen auf Hängen von „gebundener Solifluktion" zu sprechen. Sie ist an Fließerdeloben besonders gut ausgeprägt und bewirkt oft eine Ablenkung der Loben aus der Gefällsrichtung. Diese erstmals von Högbom (1914: 333) beobachtete Erscheinung wird von Frödin (1918: 30) als Ausdruck des Kampfes zwischen Solifluktion und Vegetation gedeutet. Meines Erachtens äußert sich hierin vor allem ein Insolationseffekt (Semmel 1969: 12), der in Lappland z. B. dazu führt, daß die Südwestseiten der Loben jeweils bevorzugt auftauen und zuerst zu wandern beginnen und damit eine entsprechende Ablenkung aus der Gefällsrichtung einsetzt. Die stabilen Nordostflanken sind mit Betula nana dicht bewachsen. Auf Südostspitzbergen konnte der entgegengesetzte Effekt beobachtet werden: In der vegetationsarmen Landschaft sind flache Fließerdeloben mit steileren süd- bis südwestexponierten Flanken zu finden, auf denen ein dichter Bestand von Dryas octupétala entwickelt ist. Die strahlungsbegünstigte Exposition ist zugleich auch die windgeschützte und schneereichere (vorherrschend Ostwinde). Die Ablenkung der Solifluktion erfolgt an solchen Stellen also entgegengesetzt. Von Bedeutung ist auch hier, daß nicht nur die Solifluktion Material verlagert, sondern daß innerhalb der Loben immer wieder Aufpressungen zu beobachten sind (vgl. Abb. 20). Sehr zu Recht bemerkt deshalb Frödin (1918: 28), daß das Material solcher Loben („Fließerdeterrassen") nicht nur von höher gelegenen Hangpartien stammt. Ein Lobus, der eine ununterbrochene fossile Humuslage überdeckt (z. B. Gamper 1983: 332), dürfte in der Natur kaum vorkommen. Bewegungsberechnungen, die auf dieser Annahme gründen (z. B. Williams 1957: 43), sind deshalb m. E. nicht stichhaltig.

Bei den Frostmusterformen der Tundrenzone wird der Unterschied zwischen gefrorenem und aufgetautem Zustand vielfach besonders deutlich. Der vegetationsfreie Teil liegt gefroren meist höher als die bewachsene Umgebung, aufgetaut dagegen deutlich tiefer. In den tiefsten Teilen sammelt sich Niederschlagswasser. Diese Ansammlung von klarem Wasser ist gut zu unterscheiden von wäßrigen Ton-Schluff-Suspensionen, die kryo- oder hydrostatisch auf solchen Formen ausbrechen ('artesian flows' im Sinne von Washburn 1956: 857). Solche Suspensionen lassen nach dem Austrocknen Flecken von hellfarbigem Schluff zurück, die sich deutlich

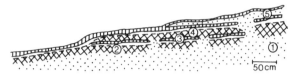

Abb. 20: Aufbau von Solifluktionsloben bei Skipagurra (Nordnorwegen).
Die Loben bestehen nicht nur aus Solifluktionsmaterial, das von höher
gelegenen Hangpartien stammt, sondern auch aus Material, das aus dem
Untergrund durch alte Oberflächen hindurch aufgepreßt wurde.
1 = Moränenmaterial
2 = B-Horizont eines älteren Podsols
3 = dazugehörige Rohhumusauflage und Bleichhorizont
4 = jüngerer Podsol
5 = jüngster Solifluktionslobus ohne deutliche Bodenbildung

von der übrigen „verschorften", mit Flechten und anderen
Pionierpflanzen überzogenen Oberfläche der 'nonsorted circles'
(„Gärlehmbeulen") abheben. Daneben gibt es auf den großen Formen auch immer wieder sogenannte „Frischstellen" (SEMMEL 1969:
6) von aufgepreßtem Feinmaterial. Auch hier liegt manchmal ein
Stein im Zentrum der Frischstelle, ähnlich wie auf Abb. 1 dargestellt und erörtert.
    In feuchteren Gebieten der Tundra sowie der anschließenden
Waldzone bilden sich unter dichter Grasbedeckung *Thufure*
(hummocks) aus, kleine Hügel mit maximal einem Meter Höhe, die
in organischem Material oft einen anorganischen Kern (Stein oder
Lockersubstrat) besitzen (WASHBURN 1979: 147), der stärker auf-
friert, die Vegetation mithebt bzw. dieser unter den spezifischen
Standortgegebenheiten bessere Wuchsbedingungen bietet. In Moo-
ren kommt es manchmal zu *Strangmoorbildung,* deren Oberfläche
durch einen Wechsel von Torf- und Wasserstreifen gegliedert ist
(WEISE 1983: 73 ff. mit weiterer Literatur).

2.7.2 Hang- und Talformen

    Die formende Wirkung der rezenten periglazialen Prozesse auf
Hängen und in Tälern ist dort besonders gut abzuschätzen, wo
nachweislich ein genetisch eindeutiges vorzeitliches Relief existierte. Das ist z. B. im heutigen Tundrengebiet Lapplands der Fall.
Die dortige Landschaft wurde durch die pleistozänen Vereisungen

entscheidend geprägt. Erst nach der Eisfreiwerdung im Holozän konnte die periglaziale Formung einsetzen. Die durch sie erzielten Veränderungen des Glazialreliefs sind aus meiner Sicht als sehr gering zu bezeichnen (SEMMEL 1969: 24 ff.). Als typische periglaziale Formen sind etwa Fließerdeloben („Schuttropfen") anzutreffen, die auf glazial geprägten Hängen nur eine geringe Veränderung des ursprünglichen Reliefs anzeigen (SEMMEL 1969: Bild 8). Das gilt sowohl für die typische Tundrenzone als auch für die häufig baumfreien Strandterrassen am Nordmeer, die an sich bereits in der Waldzone liegen. Ähnlich sind wohl auch die Ausführungen von GIESSÜBEL (1984) zu interpretieren. Es sei indessen nicht verschwiegen, daß manche Autoren (z. B. OHLSON 1964: 154 und 158) eine kräftige periglaziale Überformung des Glazialreliefs in der heutigen Tundrenzone erkennen, die sich in der Entstehung von abgerundeten Formen oder in einer Reduktion des Landschaftsreliefs zu ausgedehnten abfallenden Ebenen äußern soll. Ohne Zweifel sind vielerorts steile glaziale Felshänge durch *Schutthaldenbildung,* die durch die Frostverwitterung besonders intensiv ist, wesentlich verändert worden. Nicht überall darf das jedoch als gegenwärtig noch aktive Formung gewertet werden; oft sind die Schutthalden bereits dicht bewachsen. Überhaupt bleibt auch hier zu beachten, daß die periglaziale Formung den Schwankungen des holozänen Klimas ausgesetzt war, was zeitweise mit einer höheren Waldgrenze, zeitweise auch mit oberflächennahem Dauerfrostboden verbunden war.

Die Auswirkung periglazialer Überformung eines ehemals vereisten Geländes in der *Frostschuttzone* ist auf Spitzbergen zu erkennen. Die steileren Hänge sind stark zerrunst. Das gilt insbesondere für die Hänge der großen Trogtäler, in denen oft eine Hanggliederung in „dreiteilige Frosthänge" im Sinne BÜDELS (1981: 72 ff.) möglich ist. Die zahlreichen Runsen des Oberhangs, die teilweise auch als Steinschlagbahnen fungieren, konzentrieren sich im Bereich des flacheren Mittelhangs und laufen unterhalb davon auf dem noch flacheren Unterhang in Schwemmfächern aus (Photo 9 in BÜDEL 1981). Am Beispiel der Abb. 21 ist zu erkennen, wie auch hier harte Gesteinsbänke deutlich herauspräpariert werden. Das Profil eines solchen Hanges hat kaum noch Ähnlichkeit mit einer glazialen Trogtalwand. Anzeichen für Gletscherschliff sind nicht mehr zu finden. Am ehesten wären sie auf steileren Partien zu erwarten, die zwischen den Runsen im Mittelhang ausgebildet sind. Sie (BÜDELS „Dreieckshänge") wurden am wenigsten zurückverlegt, weil sie

Abb. 21: Periglazial überformter Trogtalhang auf Westspitzbergen (Eskerdalen, Nebental des Sassendalen).
Der Hang ist im wesentlichen aus weichen Schiefertonen aufgebaut, den härtere Bänke durchsetzen.

durch die beiderseits eingetieften Runsen vom Oberhang abgetrennt sind und damit das Einzugsgebiet des abspülenden Wassers erheblich reduziert ist. JAHN (1983: 185ff.) sieht größere Hangpartien auf Spitzbergen als *Glatthänge* an, also als Formen, deren Hänge die anstehenden Gesteine mit einer dünnen Schuttdecke glatt schneiden. Die wesentliche Abtragung erfolgt dabei durch Ab- und Ausspülung, weniger durch Solifluktion. Die Bildung solcher Hänge, die nicht nur in periglazialen Gebieten vorkommen, ist derzeit wohl noch nicht befriedigend geklärt (vgl. auch HÖLLERMANN 1983: 255).

Die flacheren Hänge werden ebenfalls von Runsen zerschnitten, in der Regel aber deutlich weitständiger. Die Runsen pendeln auf den Hängen, dadurch wird eine Tiefer- und Zurückverlegung erzeugt. Sie führen oft den gesamten Sommer hindurch Wasser, wenn sie an perennierende Schneeflecken gebunden sind (BIBUS et al. 1976: 34). Auf dem Unterhang laufen sie in Schwemmfächer aus. Diese überdecken in größerer Mächtigkeit das anstehende Festgestein. Grabungen bis 2 m Tiefe ergaben stets nur Schwemm- und Solifluktionsschutt. Stellenweise waren auch Rutschungen zu erkennen, deren Klufträume von Bodeneis ausgefüllt wurden.

Außer den Runsen sind auf den Hängen Nischen verbreitet, bei deren Entwicklung die von Schneeflecken ausgehende Formungskombination (Nivation) von Abspülung, Solifluktion etc. Bedeutung hat. Ebenso können Rückhangverwitterung (verstärkte Frostschuttbildung an der „Schwarzweiß-Grenze") und durch die Schneelast ausgelöste Rutschungen mitwirken. Es entstehen manchmal Hangmulden, in denen die Solifluktion und Abspülung infolge der stärkeren Durchfeuchtung intensiver als außerhalb der Mulden Material abtransportiert (SEMMEL 1969: 57).

Auf den wenig geneigten Hochplateaus und Küstenvorländern

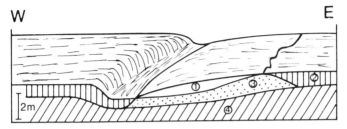

Abb. 22: Asymmetrisches Dellentälchen auf Westspitzbergen.
1 = Schneefleck; 2 = Auftauboden; 3 = derzeit noch gefrorener Bereich
von 2; 4 = Dauerfrostboden

Spitzbergens sind flache Dellentälchen entstanden. Die Hohlformen beginnen mit grabenartigem Anriß, werden dann schnell drei bis vier Meter breit. Von den Rändern gelangt Schutt sowohl aktiv als auch passiv (durch Unterschneidung) in die Formen. Stellenweise ist eine Asymmetrie ausgebildet (vgl. Abb. 22). Die westexponierten Hänge sind flach, die ostexponierten steil. Der Schnee wird vorwiegend auf den westexponierten Hängen abgelagert. Zur Zeit der Hauptschneeschmelze läuft das Schmelzwasser deshalb entlang des ostexponierten Hanges ab und unterschneidet ihn. Dieser Hang trocknet wegen des fehlenden Schnees schnell aus, die Solifluktion kommt rasch zum Stillstand. Auf der Gegenseite liefert der Schnee ständig neue Feuchtigkeit für die schon ab- und aufgetauten Partien, die durch Solifluktion abgeflacht werden.

Die Tälchen verbreitern sich allmählich in Gefällsrichtung. Einzelne dünne, härtere Gesteinsbänke bilden keine deutlichen Stufen, das gilt jedoch nicht für mächtigere harte Gesteinslagen wie Basalte, die einen deutlichen Gefällsknick verursachen. An der Grenze der Hochplateaus setzen tiefe Kerbtaleinschnitte an, die in die Haupttäler hinunterführen. Solche Kerben beginnen stets in harten Gesteinen (neben Basalt vor allem Sandstein), die die Hochflächen „tragen". Die Kerbtäler queren die Steilhänge der ehemaligen Trogtäler in der Regel mit einer Serie von Stromschnellen oder kleinen Wasserfällen. Diese fehlen nur, wenn durchgehend weiche Tonsteinserien anstehen. In der Einmündung zum Haupttal ist ein Schwemmfächer entwickelt. Der Talboden der Haupttäler hat, bedingt durch diese und die schon erwähnten Schwemmfächer, die von den Hängen allgemein in den Talboden reichen, einen muldenförmigen Querschnitt. BÜDEL (u. a. 1969: 33) sieht solche Querschnitte als typisch für periglaziale Täler und als Produkt der eisrindenbeding-

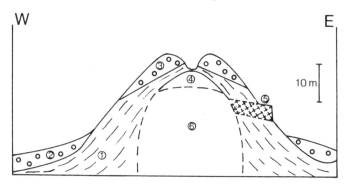

Abb. 23: Pingo im Talboden des Brentskardet (Westspitzbergen).
1 = Schieferton; 2 = Talbodenschotter; 3 = herausgehobene Talbodenschotter; 4 = Pingoeis; 5 = verstellter Basaltgang; 6 = vermutetes
Pingoeis.

ten exzessiven Talbildung an. Da jedoch in solchen Talböden Oser
und andere glaziale Formen liegen, muß bezweifelt werden, daß
eine deutliche Tieferlegung der Talböden nach der Eisfreiwerdung
erfolgte. Schließlich sprechen die in den Talböden liegenden Schottermassen mit fossilen A_h-Horizonten auch dagegen (Abb. 8).
Durch einen Pingo sind z. B. im Eskerdalen in Westspitzbergen
sieben Meter mächtige Schottermassen aus dem Talboden heraus-
gehoben worden, die anzeigen, daß hier in der jüngeren Vergan-
genheit *Verschüttung* und *nicht Ausräumung* des festen Anstehenden im ehemals glazialen Talboden stattfand (vgl. Abb. 23). Die von
BÜDEL (u. a. 1981: 81) als Beweis für die starke periglaziale Eintiefung angeführte Zerschneidung der ca. 10 000 Jahre alten Strand-
und Flußterrassen in Südostspitzbergen ist in Lockersedimenten
erfolgt und deshalb m. E. nicht im obigen Sinne beweiskräftig. In
diesem Zusammenhang sei auch auf die Untersuchungen über
die Flußerosion in Lockersedimenten der Permafrostgebiete der
Camal-Halbinsel (Westsibirien) verwiesen (KULCHUKOV und
MALINOWSKY 1983). Die größten Erosionsleistungen sind danach
in synsedimentärem (syngenetischem) Permafrost zu beobachten,
die geringsten in nicht syngenetischen Gebieten mit großer Auftautiefe. In den letztgenannten (südlicheren) Gebieten liegt wegen
unzureichenden Oberflächenabflusses keine nennenswerte Zerschneidung (belt of no erosion) vor.
Pingos sind als typische Periglazialformen in den Talböden der
ehemaligen Trogtäler Westspitzbergens häufig anzutreffen. Sie

überragen 40 bis 50 Meter hoch als Hügel den Talboden und bestehen aus einem Eiskern unter einer Decke von mineralischem Material. Es wird allgemein unterschieden zwischen einem „offenen Typ", der durch Wasserdruck und -zufuhr aus dem nichtgefrorenen Untergrund durch einen Taliki im Permafrost hindurch aufgepreßt wird, und einem „geschlossenen Typ", der in verlandeten Thermokarstseen entsteht, die ohne Verbindung zum nichtgefrorenen Untergrund außerhalb des Permafrostes sind (u. a. EMBLETON und KING 1975: 50 ff.). Der Wasserdruck in solchen Formen kann beträchtlich sein, ebenso das Wachstum. MACKAY (1983: 765) hat in der kanadischen Arktis ein Höhenwachstum von 30 cm pro Jahr gemessen.

In Periglazialgebieten, die nie oder zumindest in der letzten Eiszeit nicht vergletschert waren, kommen als typisch periglaziale Formen häufiger *Kryoplanationsterrassen* (Golezterrassen) vor. Sie werden auch als „Kryopedimente" bezeichnet und gliedern als relativ ebene terrassenförmige Leisten mit steilem Rückhang („Frostkliff") diese Hänge. Ihre Entstehung kann (in Anlehnung an RICHTER 1963: 186 ff., mit älterer Literatur) so gedeutet werden, daß eine lokale Schneekonzentration hinter einem Hindernis (Solifluktionslobus, Gesteinssims etc.) erfolgt. Wie schon ausgeführt (vgl. S. 7), fördert ein Schneefleck die Frostverwitterung und Abtragung. Es entsteht deshalb eine Nische im Hang durch diese stärkere Ausräumung, die sich hangeinwärts allmählich vergrößert. Auf dem ebeneren Bereich bilden sich Frostmusterböden, in denen vor allem die Ausspülung für den Abtransport des Feinmaterials sorgt. DEMEK (1972: 150) berichtet auch von durch Dellen gewellten Hängen über ähnlichen Terrassen in Ostsibirien.

Die besten klimatischen Bedingungen für die Entwicklung solcher Formen sind offenbar in kontinentalen Periglazialgebieten gegeben. RICHTER (ib.: 190 f.) weist darauf hin, daß in der Mongolei die rezente Frostschuttzone mit häufigen Frostwechseln und Niederschlägen zwischen 200 und 800 bis 1000 mm ein Gebiet kräftiger aktueller Kryoplanation ist. Geringere Niederschläge hätten eine Dämpfung der kryogenen Aktivität, ein zu starkes Vorherrschen der Ab- und Ausspülung sowie der „vielfältigen morphologischen Wirkung des Schnees" zur Folge. Hohe Sommertemperaturen sollen durch Zunahme der chemischen Verwitterung die Solifluktion fördern, welche die Kantenbildung verhindere. Doch für diese Überlegungen gilt wohl, daß sie sehr auf das gegenwärtige Klima fixiert sind und nicht die Schwankungen berücksichtigen, die in der

– sicher langen – Zeit stattfanden, die für die Bildung der Kryoplanationsterrassen nötig war. So wird z. B. bei BROWN und KREIG
(1983: 101) für ähnliche Formen im zentralen Alaska darauf hingewiesen, daß in diesem während der letzten Eiszeit nicht verglet-
scherten Gebiet die Klimabedingungen gegenwärtig für die Entwicklung der Kryoplanationsformen wahrscheinlich nicht mehr so
günstig seien. Allerdings ist dieser Bereich (Finger Mountains) nicht
der Frostschuttzone, sondern der Tundra zuzurechnen. Vegetationsfrei sind nur die Felswände, insbesondere die der isolierten
Felsburgen (Tors), die über weitgespannte Hochflächen aufragen.

Solche Flächen werden in der amerikanischen Literatur oft als periglaziale Formen angesehen. Es ist indessen sehr die Frage, ob hier
nicht Reste tertiärer Abtragungsflächen vorliegen, die nicht unter
periglazialen Bedingungen entstanden, zumal tiefvergrustes Kri-
stallin angetroffen wird (BAILEY 1983: 35). Bis heute erscheint es
aber auch unklar, welchen Anteil Frostverwitterung, insbesondere
Permafrost, an der Tiefenvergrusung von Gesteinen hatte und hat.
Unabhängig davon gibt es viele Publikationen, in denen das Ausmaß *periglazialer Flächenbildung* für beträchtlich gehalten wird
(vgl. hierzu WASHBURN 1979: 237ff.). DEDKOW (1965: 260f.) be-
trachtet die Periglazialgebiete als Zone mit den stärksten Flächen-
bildungstendenzen (Fläche hier immer im Sinne von Abtragungsflächen verstanden). PRIESNITZ (1981: 150ff.; vgl. auch PRIESNITZ
und SCHUNKE 1983) sieht die Fußflächen in Tälern der nordost-
amerikanischen Arktis als eindeutig durch Kryopedimentation
entstanden an. Eine präperiglaziale Vorformung der Fußflächen
sei auszuschließen. Fluviale Eintiefung und Flächenzerschneidung
könnten nur in Gebieten stärkerer tektonischer Heraushebung
beobachtet und als Sonderfälle gewertet werden. Unklar bleibt jedoch auch hier wiederum, welche Wirkung die rezente Formung
hat und wie sich die auch hier nicht zu leugnenden Klimawechsel
des Quartärs im Relief widerspiegeln.

2.8 Rezente periglaziale Formung
und ihre Auswirkungen auf Nutzungsansprüche

Periglazialgebiete sind Grenzräume der Ökumene. Seit langem
haben sie aber auch wirtschaftliche Bedeutung, insbesondere durch
Fischfang, Pelztierjagd und Lagerstätten. Gerade der Reichtum
vieler Periglazialgebiete an nutzbaren Lagerstätten hat zu starken

anthropogenen Eingriffen in den Landschaftshaushalt geführt, die ihrerseits wiederum Auswirkung auf die Nutzung hatten. So spielen beispielsweise beim Verkehrswegebau Solifluktion und vor allem die starke Abspülung während der Schneeschmelze eine Rolle. Sehr oft werden dabei oder durch sommerliche Starkregen Brückenbauwerke zerstört, Fahrbahnen überschüttet, unterspült oder durch Frosthebung schwer beschädigt. Die größten Probleme treten allerdings da auf, wo Permafrost im Untergrund verbreitet ist. Hier muß mit besonderer Vorsicht bei Bauvorhaben gearbeitet werden. Das gilt z. B. für die Seilbahnstationen in den Alpen genauso wie für solche in den Skanden. Im letztgenannten Gebiet wurde erst durch den Bau der Erzbahn Kiruna–Narvik bekannt, daß stellenweise fossiler Dauerfrostboden im Untergrund liegt, der manchmal sogar in zwei Stockwerken ausgebildet ist (EKMAN 1957: 34). Bei einer Wasserbohrung für eine Touristenstation in der Nähe von Abisko fror über Nacht das Gestänge bei 40 m Tiefe ein.

Die Verfestigung der Lockersedimente durch Permafrost hat dagegen Vorteile, solange stabiler *Baugrund* (z. B. in Bergwerken, bei Staudämmen etc.) gefordert ist und der Dauerfrostboden durch ausreichende Isolierung in diesem Zustand gehalten wird. Gebäude, die Wärme in den Boden abstrahlen, werden am besten auf tief (Frosthebung muß vermieden werden) in den Permafrost eingelassenen Pfählen gegründet und mit ihren Unterseiten so hoch über der Erdoberfläche gehalten, daß Luft ungehindert zirkulieren kann. Wird das versäumt, so sinken die Stellen des Hauses am stärksten in den Boden ein, an denen die meiste Wärme abgestrahlt wird. Häufig ist zu beobachten, daß der Hausteil mit dem Wohntrakt deutlich gegenüber der nicht oder weniger beheizten Garage absinkt.

Solche anthropogenen Thermokarstbildungen unter Gebäuden sind besonders in Lockergesteinen anzutreffen, vor allem dort, wo sehr eishaltiger Permafrost vorliegt, der beim Tauen erhebliche Volumenverminderung zur Folge hat. Bei Festgesteinen geht man meistens davon aus, daß keine nennenswerten Thermokarsterscheinungen zu erwarten sind, weil wenig Bodeneis gebildet wird. BROWN (1970: 81) berichtet jedoch von festen Graniten, die nach dem Auftauen zu grobem Sand zerfielen. Die Annahme, Festgesteine seien im Permafrostgebiet hinsichtlich von Baugründungen ohne Probleme, sei nicht gesichert (vgl. hierzu u. a. auch die Untersuchungen in Festgesteinen Sibiriens von AFANASENKO et al. 1983).

Spezielle Probleme können durch *Aufeis* eintreten, das unter Wohnhäusern entsteht. Über entsprechende Beispiele aus der Umgebung von Fairbanks berichtet Péwé (1982: 74). In Muldenlagen kann sich zwischen dem Permafrost und der im Herbst von oben eindringenden Frostfront im noch nicht gefrorenen Auftauboden hydrostatischer Druck einstellen. Da der Auftauboden unter Wohnhäusern, die nicht gegen Dauerfrostboden isoliert sind, nicht friert, bricht das Wasser hier aus, füllt die Wohnräume und läuft durch Fenster etc. aus. An der Außenluft gefriert es. Ähnliche Effekte treten häufig bei Straßenanschnitten auf. Wiederholt sind wegen Aufeisbildung Straßen im Winter nicht passierbar (vgl. z. B. Fig. 32 bei Brown 1970).

Die Straßen- und Eisenbahnbauten sind in Periglazialgebieten vor allem durch Schäden infolge Frosthebung betroffen. In Extremfällen frieren nicht gut gegründete Brückenpfeiler hoch. Eine Ummantelung mit gleitfähigen Substanzen kann Abhilfe schaffen. Schwieriger sind Thermokarst-Effekte zu vermeiden, die dadurch entstehen, daß mit dem Verkehrswegebau eine Zerstörung der isolierenden Vegetationsdecke verbunden ist. So bilden sich entlang vieler Straßen schmale Depressionen, die sich im Sommer mit Wasser füllen und deren Drainage Schwierigkeiten bereitet. Den Tauprozessen unter der Straße versucht man durch Aufschüttung von Dämmen mit grobem, nicht frostgefährdetem Material zu begegnen. Auch Kunststoff wird zur Isolation verwendet. Ist die Isolierung nicht ausreichend, taut der Permafrost tiefer als in der Umgebung ab, die Straße sinkt ein und zerreißt. Ist die Isolierung zu mächtig, wächst der Dauerfrostboden unter der Straße zu sehr an; es kommt zu Frosthebung.

Einmal in Gang gekommene Thermokarstprozesse sind kaum künstlich zu stoppen. Als Beispiel sei auf Abb. 24 verwiesen. Das dort dargestellte Wohnhaus bei Fairbanks (Alaska) steht auf Pfählen und hat heute eine hinreichend gute Isolation. Trotzdem sinkt eine Ecke des Gebäudes ab, weil vorher ein nicht ausreichend isoliertes Gebäude ein Tieftauen des Permafrostes eingeleitet hat, das auch nach Abbruch des alten Gebäudes fortschreitet. Es hat sich noch kein neues Gleichgewicht zwischen der Auftaufront und der Oberfläche des Dauerfrostbodens eingestellt.

Im Permafrost bereitet auch die Wasserversorgung und -entsorgung Schwierigkeiten. So muß bei mächtigerem Permafrost auf die Nutzung von Grundwasser verzichtet werden. Bei geringmächtigem diskontinuierlichem Permafrost ist dagegen gelegentlich sogar artesisches Wasser zu erschließen, wenn etwa, wie bei Péwé (1982: Fig. 68) dargestellt, ein Grundwasservorkommen in Lockersedi-

Abb. 24: Durch Thermokarst einsinkendes Gebäude bei Fairbanks (Farmers Loop Road).
Die Eingangsfront des Hauses sinkt ein. Die Höhenunterschiede werden durch Zwischenteile (schwarz dargestellt) auf den Stelzen ausgeglichen (weitere Erläuterungen im Text).

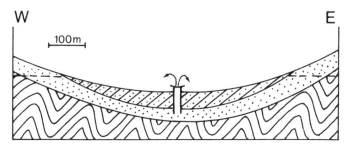

Abb. 25: Artesisches Wasser im diskontinuierlichen Dauerfrostboden Alaskas (nach einer Darstellung bei PÉWÉ 1963).
Im tiefsten Teil eines Talbodens hat sich eine Linse von Permafrost (schräg schraffiert) in sandigem Material (gepunktet) gebildet. Die gerissenen Linien im nichtgefrorenen Sand geben den Grundwasserstand an.

menten liegt, deren Liegendes undurchlässiges Gestein bildet. Nur im Taltiefsten hat sich wegen der zeitweiligen Kaltluftansammlung Permafrost entwickelt, bei dessen Durchbohrung artesische Quellen entstehen (vgl. Abb. 25). Hierdurch ist aber auch die Gefahr von Aufeisbildung gegeben.
Versorgungs- und Entsorgungsleitungen werden – entsprechend isoliert – großenteils oberirdisch verlegt. Das gilt vor allem für Areale, deren oberflächennaher Untergrund sehr eisreich ist. Ein besonders bekanntes Beispiel ist die Alaska-Pipeline, die durch

Abb. 26: Ökologische Auswirkung von Permafrost (westlich Fairbanks).
1 = kiesiger Sand
2 = schluffiger Lehm
3 = Oberfläche des Permafrostes
4 = Anmoor

Im schlecht drainierten schluffigen Lehm sind die Bedingungen für die Entwicklung von Permafrost günstiger als im durchlässigen kiesigen Sand. Der hochliegende Permafrostspiegel verstärkt die Vernässung und führt zur Anmoorbildung. Dessen hoher Humusgehalt verbessert die Isolierung des Permafrostes. Insgesamt bestehen ungünstige Bedingungen für die Fichten. Im Übergang zum kiesigen Sand verbessert sich die Drainage, der Permafrostspiegel sinkt ab, die Bedingungen für den Fichtenwuchs werden besser. Im Sand selbst wird der Standort für die Fichten zu trocken. Die Bedingungen für die dort wachsenden Aspen sind allerdings auch dort am günstigsten, wo nicht zu tief liegender Permafrost ein besseres Wasserangebot bedingt.

Alaska von Norden nach Süden überwiegend oberirdisch verlegt wurde. Die Pfeiler stehen auf eisreichem Permafrost und sind mit Radiatoren und Kühlmittelumlauf versehen, um Taueffekte zu vermeiden. Mit ähnlichen Hilfsmitteln kann auch Wärmefluß von unterirdisch verlegten Leitungen eingeschränkt werden, wie beispielsweise bei Gaspipelines. Hier wird außerdem durch Kühlung des Gases die Bodentemperatur niedrig gehalten (JAHNS und HEUER 1983).

Auch auf die Form der land- und forstwirtschaftlichen Nutzung hat der Dauerfrostboden Einfluß. Landwirtschaft ist vielfach nur als Weidewirtschaft möglich. Unabhängig vom Problem des Dauerfrostbodens ergeben sich Probleme für die Stalltierhaltung in den strengen Wintern. Das Weideland selbst kann durch Zerstörung oder Verdünnung der Grasnarbe über Permafrost Thermokarstlöcher bekommen. Ebenso ist die Entwicklung von eishaltigen Frost-

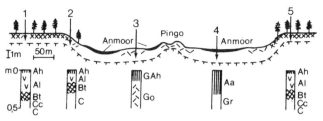

Abb. 27: Bodengesellschaft in einer Thermokarstdepression östlich Jakutsk.
Zunächst war auf einer lößbedeckten Terrasse der Lena durchgehend eine
Parabraunerde über Dauerfrostboden entwickelt. Stärkere Wasseransammlung auf Teilen des Bodens hatte wahrscheinlich ein Verschwinden
des Dauerfrostbodens zur Folge. In der dadurch entstandenen Depression
bildete sich ein See, der später verlandete. Unter den anmoorigen, gut isolierenden Substraten entstand neuer Dauerfrostboden mit einem Pingo.
Dieser schmilzt gegenwärtig aus (kollabiert). Hinweis darauf ist die kräftige
Einmuldung mit frischen Abrißkanten auf dem Hügel. Neben den Anmooren sind Gleye die typischen Böden im Depressionsbereich, der natürliches
Grasland darstellt.

hügeln möglich. Auf Äckern kommen ähnliche Formen vor. PÉWÉ
(1982: 41) führt entsprechende Beispiele aus Fairbanks an.

Entwaldung ist in aller Regel mit der Entwicklung von Thermokarst verbunden. In Waldgebieten mit diskontinuierlichem Permafrost äußern sich die unterschiedlichen Bodenverhältnisse oft in der
Zusammensetzung des Waldes. In Abb. 26 ist dargestellt, wie durch
die Existenz beziehungsweise durch die unterschiedliche Tiefe der
Permafrostoberfläche die Bedingungen für die Vegetationsentwicklung verändert werden. Weidenutzung in natürlichen Thermokarstdepressionen wird häufig durch den starken Wechsel der Böden beeinflußt. Auf der in Abb. 27 dargestellten Bodengesellschaft
sind nur Teile der von Gleyen eingenommenen Flächen weidefähig,
da nur hier während des Sommers der Boden so trocken wird, daß
eine ausreichende Trittfestigkeit entsteht. Das gilt insbesondere für
die gut drainierten Böden auf den Pingos. Letztere bilden sich in
den verlandenden Thermokarstseen bekanntlich wegen des hohen
Anteils an gut isolierender organischer Substanz im Sediment.
Durch ihr schnelles Wachsen vergrößert sich die Fläche der herausgehobenen gut drainierten Gleye.

3 PLEISTOZÄNE PERIGLAZIALE BILDUNGEN IN MITTELEUROPA

Im Pleistozän hatten sich die Periglazialgebiete während der Kaltzeiten erheblich vergrößert. In Mitteleuropa, das im folgenden vor allem als Beispiel dienen soll, war das gesamte Gebiet zwischen der nordischen Inland- und der Alpenvereisung den Wirkungen des Frostklimas ausgesetzt. Auf die geomorphologische Bedeutung dieses Sachverhaltes ist schon früh aufmerksam gemacht worden (SALOMON 1917; PASSARGE 1919; 1920; KESSLER 1925). Noch früher deutete BLANCKENHORN (1895; 1896) Schuttmassen in den deutschen Mittelgebirgen als fossilen Frostschutt. Später hat vor allem BÜDEL (u. a. 1937; 1981) immer wieder das Thema der pleistozänen periglazialen Formung im ehemals nicht vereisten Mittelgebirge aufgegriffen. Als Indikatoren für die Wirkung des pleistozänen Frostklimas kommen hauptsächlich fossile Frostbodenphänomene, Schuttdecken, äolische Sedimente (Flugsande und Lösse) und charakteristische Talformen in Betracht. Für die letztgenannten wies SOERGEL (1924) darauf hin, daß die Akkumulationsterrassen in Tälern als kaltzeitlich angesehen werden müßten. Auch die oft zu findenden Talasymmetrien sind großenteils periglazialer Natur (BÜDEL 1944). In den Sedimenten weisen paläontologische Funde vielfach zusätzlich die entsprechenden Bildungen als kaltzeitlich aus. Jedoch sind solche Funde insgesamt relativ selten, und der Geomorphologe ist gezwungen, die periglaziale Natur der Formen und Sedimente anderweitig zu erschließen.

Dieses Problem ist nicht immer zweifelsfrei lösbar. Im folgenden wird dazu jeweils eingehend Stellung genommen. Dabei gilt die Aufmerksamkeit zuerst fossilen Frostbodenformen (Frostmusterböden etc.), die häufig vorkommen und bei ausreichender klimatischer Aussagekraft als Beweis für ehemals periglaziale Klimabedingungen gewertet werden können.

3.1 Fossile Frostbodenerscheinungen

KARTE (1981: Tab. 2) gibt in einer Zusammenstellung rezenter Periglazialerscheinungen deren Bindung an Typen der Bodengefrornis an (vgl. auch die einschlägigen Ausführungen WASHBURNS 1973, 100 ff.; 1979, 119 ff., mit älterer Literatur). Von den häufiger vorkommenden Formen können bei strenger Betrachtung nur Eiskeil-Pseudomorphosen als eindeutige Indikatoren für Periglazialklima angesehen werden. Sie sind zugleich Permafrostzeugen. Erscheinungen, die durch kryoturbate Aufpressungen (Brodelböden, Würgeböden etc.) entstanden sein können, sind von Formen, die allein durch hydrostatisches Ungleichgewicht entstanden, nicht eindeutig zu unterscheiden. Damit soll keineswegs KOSTYJAJEVS (1966) Auffassung, diese Formen seien sämtlich ohne Frosteinwirkung zu erklären, vertreten werden, weist doch die explosionsartige Zunahme solcher Formen in pleistozänen Sedimenten ohne Zweifel auf periglaziale Klimaeinwirkung hin. Doch gibt es wiederholt täuschend ähnliche Aufpressungen in präquartärer Zeit, vereinzelt auch in heute tropischen Gebieten. In pliozänen Sanden des Rheingebietes werden beispielsweise häufig Würgeböden gefunden (KOWALCZYK 1974; SEMMEL 1983b: 224). Selten sind echte pleistozäne Strukturböden beschrieben worden (vgl. die Aufstellung bei SEMMEL 1969: Fußnote 2).

Sehr alte Eiskeil-Pseudomorphosen, also mit Sediment gefüllte ehemalige Eiskeile, sind vom Niederrhein (AHORNER und KAISER 1964) und aus dem Rhein-Main-Gebiet (SEMMEL 1984: 35) bekannt. In Abb. 28 ist das Lößprofil der Ziegeleigrube Bad Soden am Taunus dargestellt, dem entnommen werden kann, daß bereits vor dem fast eine Million Jahre alten paläomagnetischen Jaramillo-Event Eiskeile im Lößlehm ausgebildet waren. Ähnlich alte Eiskeil-Pseudomorphosen sind auch in der Ziegeleigrube Reinheim im Odenwald zu finden (SEMMEL 1974: 33). Eiskeil-Pseudomorphosen können praktisch in allen Schichten der mächtigeren Lößprofile vorkommen. Wenn sie nicht ausgebildet sind, ist damit keineswegs bewiesen, daß es keinen Permafrost in den entsprechenden Kaltzeitabschnitten gegeben hat, denn nicht jeder Dauerfrostboden enthält Eiskeile. Es überrascht deshalb nicht, wenn z. B. im Profil Reinheim im jüngsten fossilen B_t-Horizont auf 250 m Aufschlußlänge nur ein ehemaliger Eiskeil zu finden ist. Dieser bildet den Ausläufer eines Eiskeilpolygons, das inzwischen vom Abbau erfaßt wurde.

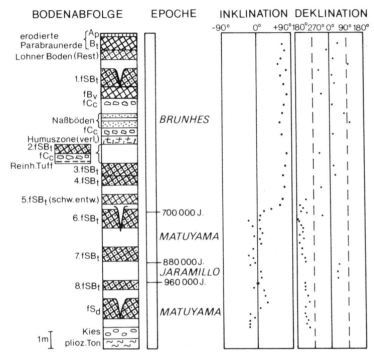

Abb. 28: Altpleistozäne Eiskeil-Pseudomorphosen im Lößprofil der Ziege-leigrube Bad Soden (südliches Taunusvorland).
Die Darstellung auf der rechten Seite gibt die Lage der paläomagnetisch gemessenen Proben an.

Für Nordhessen und Südniedersachsen gibt ROHDENBURG (1966) eine Aufstellung über zahlreiche Dauerfrostboden-Perioden während der letzten Kaltzeit. Im Rhein-Main-Gebiet lassen sich gleichfalls mehrere Permafrostphasen im Würmlöß nachweisen (SEMMEL 1968: 15ff.). Die älteste Phase ist älter als die „erste Mosbacher Humuszone", gehört also in das beginnende Würm. Sehr schöne Eiskeil-Pseudomorphosen waren auch im Hochwürmlöß der Ziegeleigrube Arzheim bei Landau (Oberrheingraben) aufgeschlossen. Obwohl ihm bekannt, hat sie LIEDTKE (1968: 158ff.) nicht erwähnt, wahrscheinlich weil sie für die von ihm verfolgte Fragestellung ohne große Bedeutung sind. Deshalb darf aber, wenn aufgrund von Literaturauswertung Verbreitungskarten über Permafrostphänomene angefertigt werden, aus der Nichterwähnung solcher Formen in geomorphologischen oder geologischen Publikationen nicht ge-

W E

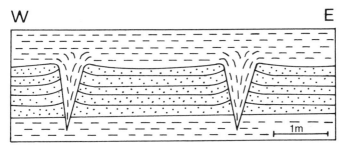

Abb. 29: Jungtundrenzeitliche Eiskeil-Pseudomorphosen auf der Älteren Niederterrasse des Rheins im Neuwieder Becken. Die schematische Darstellung zeigt spätkaltzeitliche Hochflutlehme (horizontal gerissen) mit Einlagerung von allerödzeitlichem Laacher Bimstuff (gepunktet) unmittelbar nördlich der Bundesstraße 9 bei Kärlich-Mülheim.

schlossen werden, sie existierten nicht. Die von KARTE (1981: 67) gestellte Frage, ob das von ihm (fälschlich) konstatierte Zurücktreten von Permafrostphänomenen im Oberrheingebiet klimatisch bedingt sei oder ob sich hier lediglich eine Forschungslücke widerspiegele, ist aus meiner Sicht so zu beantworten, daß das letzte zutrifft. Leider werden auf diese Weise entstandene Karten häufig Grundlage weitreichender paläoklimatischer Interpretationen. So haben z. B. die oben angeführten unzulänglichen Angaben Eingang in Karten gefunden, die Aussagen über die Temperaturverhältnisse während des Würms in Mitteleuropa machen (WASHBURN 1979: 296 ff.).

Umstritten ist die Frage, wann der Permafrost am Ende der letzten Kaltzeit in Mitteleuropa verschwand. Seit langem sind Eiskeil-Pseudomorphosen aus dem ca. 11 000 Jahre alten Laacher Bimstuff bekannt (FRECHEN und ROSAUER 1959: 281; KAISER 1960: 129 f.). Abb. 29 zeigt aufgefüllte Eiskeile von der Oberen Niederterrasse des Rheins im Neuwieder Becken, die Laacher Bimstuff durchsetzten. Demnach kann es keinen Zweifel geben, daß in diesem heute klimatisch begünstigten Raum nach dem Alleröd noch Dauerfrostboden entwickelt war. Auch im klimatisch ähnlich zu bewertenden Limburger Becken finden sich vergleichbare Erscheinungen (SEMMEL 1968: 108). Jungtundrenzeitliche Eiskeil-Pseudomorphosen gibt es ebenfalls im Rhein-Main-Gebiet (STÖHR 1967; SEMMEL 1974: 40). Wer dagegen Bedenken gegen die Existenz von Dauerfrostboden am Ende der letzten Kaltzeit (Jüngere Tundrenzeit) in diesem Gebiet äußert, kann davon ausgehen, daß die ursprünglich

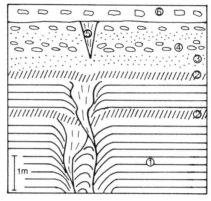

Abb. 30: Synsedimentäre Eiskeil-Pseudomorphosen in cromerzeitlichen Ablagerungen der Ziegeleigrube Alzenau in Unterfranken.
1 = Wechsel von fluvialen Schluff- und Sandlagen; 2 = rötliche Tonlagen; 3 = fluviale Sande; 4 = grober Schwemmschutt; 5 = Lößlehm; 6 = Solifluktionsschutt

als Pingoruinen angesehenen Hohlformen auf dem Hohen Venn inzwischen als periglaziale Bildungen gedeutet werden, die ohne geschlossenen Permafrost in der Jüngeren Tundrenzeit entstanden sein können (PISSART und JUVIGNE 1983: 105 ff.).

Daß Dauerfrostboden in den übrigen Kaltzeiten, die jünger sind als ca. eine Million Jahre, in einem klimatischen Gunstgebiet wie der Oberrheinischen Tiefebene vorhanden war, beweisen die in allen entsprechend alten Sedimenten vorkommenden synsedimentären Eiskeilstrukturen. Als Beispiel ist in Abb. 30 eine Schichtenfolge aus der Ziegeleigrube Alzenau wiedergegeben, die zeigt, daß in den Sedimenten der cromerzeitlichen Talverschüttung mehrere Eiskeilgenerationen ausgebildet sind. Die jüngeren Keile folgen manchmal lokal genau den älteren. Die durch die erste Schichtenstörung bedingte Inhomogenität im Wasserhaushalt etc. paust sich durch jüngere Sedimente nach oben durch und ist damit wohl Ursache für das Ansetzen eines neuen Frostrisses über dem fossilisierten Keil. In ähnlicher Weise läßt sich auch die Darstellung in Abb. 31 deuten, wo zwischen dem älteren und dem jüngeren Keil in der Tongrube Kärlich (Neuwieder Becken) ein mittelpleistozäner Bimstuff eingelagert ist.

In vielen Aufschlüssen sind Ausfüllungen von mehr oder weniger horizontal liegenden ehemaligen Eislinsen zu beobachten. Sie fol-

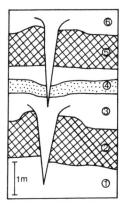

Abb. 31: Mittelpleistozäne Eiskeil-Pseudomorphosen in der Tongrube Kärlich (Neuwieder Becken).
1 = Löß; 2 = älterer fossiler B_t-Horizont; 3 = Löß; 4 = Bimstuff; 5 = jüngerer fossiler B_t-Horizont; 6 = Löß

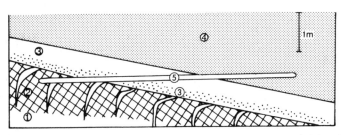

Abb. 32: Horizontale Eislinsen-Pseudomorphosen im Werratal (Ziegeleigrube Wölfershausen).
1 = Lößlehm
2 = Pseudogley der letzten Warmzeit, die primär senkrechten Bleichbahnen sind im oberen Teil durch Solifluktion hangabwärts verschleppt
3 = Bleichhorizont des Pseudogleys mit Fe-Mn-Konkretionen im unteren Teil
4 = Würmlößlehm
5 = sandgefüllte Spalte

gen manchmal Schichtfugen oder anderen Inhomogenitäten der Sedimente, können aber auch völlig unabhängig davon die Sedimente durchziehen. In Abb. 32 wird dies mit Hilfe einer horizontalen Sandlinse in einem Lößpaket demonstriert, das mit seinen Bodenhorizonten und Schichten ansonsten der Hangneigung folgt.

W   E

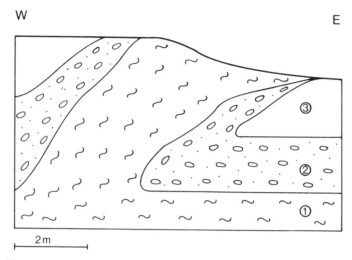

├──── 2 m ────┤

Abb. 33: Kryoturbate Aufpressung von tertiären Mergeln bei Flörsheim-Weilbach (Untermaingebiet).
1 = tertiärer Mergel; 2 = mittelpleistozäner Kies; 3 = Würmlöß

Als weitere zweifelsfreie Zeugen für ein Periglazialklima sind laut EISSMANN (1981: 100 ff.) mächtige diapirartige Aufpressungen anzusehen. Solche über mehr als 10 Meter aufragenden Erscheinungen wurden vor allem aus den Braunkohle-Tagebauen der Wetterau (SCHENK 1964: 271) und des Niederrheins (QUITZOW 1958) bekannt. EISSMANN (ib.), der entsprechende Formen im Saale-Elbe-Gebiet untersuchte, kommt zu dem Ergebnis, daß solche Verformungen nur dann entstehen können, wenn extreme Wasseranreicherung im sehr tiefgründig aufgetauten Dauerfrostboden („Mollisol") außerordentliche Liquidität des Substrates verursacht, so daß es unter der Belastung der hangenden Schichten ausbricht. Solche diapirartigen Erscheinungen sind in der Wetterau nicht nur auf Braunkohlevorkommen beschränkt, sondern kommen auch in tertiären Mergeln und Tonen vor. Abb. 33 zeigt außerdem ein Beispiel aus dem Untermaingebiet. STRUNK (1983) beschreibt ähnliche Formen aus verschiedenen Teilen Mitteleuropas.

Aufgrund der vorausgegangenen Ausführungen läßt sich insgesamt die Schlußfolgerung ziehen, daß in den pleistozänen Kaltzeiten, die jünger sind als eine Million Jahre, in den heute klimatisch begünstigten Gebieten zumindest periodenweise Periglazialklima mit Dauerfrostboden verbreitet war. Ohne verkennen zu wollen, daß sich gerade in diesen Gebieten in den Kaltzeiten zeitweise Kalt-luftseen gebildet haben können und daß dadurch die Entwicklung von Dauerfrostboden begünstigt war, darf wohl doch angenommen werden, daß auch in den benachbarten Bergländern Periglazial-klima jeweils längere Zeit vorherrschte und die Reliefformung be-stimmte. In welcher Weise aber geschah das? Die Existenz von Dauerfrostboden ist ebenso unter den Bedingungen der Frost-schuttzone möglich wie unter denen der Taiga. Im ersten Fall ist mit kräftiger Abspülung etc. zu rechnen, im zweiten Fall kann man – abgesehen von Thermokarst und damit verbundenen Reliefver-änderungen – von weitgehender Formungsruhe ausgehen.

Folgt man paläontologischen Befunden, so gehörte der größte Teil der Mittelgebirge Mitteleuropas während des Hochstandes der letzten Vereisung (ca. 20000 bis 15000 Jahre vor heute) der „Löß-steppe" an (FRENZEL 1968: Taf. 10; 1973: 330). Das nichtvereiste norddeutsche Tiefland wird der „Zwergstrauchtundra mit Steppen-elementen" zugerechnet. Aufgrund der Formungsvorgänge in rezenten Periglazialgebieten mit Steppen- und Tundrenvegetation ließe sich folgern, unter diesen Bedingungen seien keine bedeuten-den Reliefveränderungen erfolgt. Dennoch gibt es sehr wesentliche Formenelemente, die die starke Wirkung von periglazialen For-mungsvorgängen während der Kaltzeiten, insbesondere auch wäh-rend des Hochstandes der letzten Vereisung, in Mitteleuropa anzei-gen. Die so aufgezeigte Differenz zwischen paläobotanischer und geomorphologischer Interpretation ließe sich vielleicht damit erklä-ren, daß es nicht statthaft ist, ohne Einschränkung die Formungs-vorgänge in rezenten Periglazialgebieten als auch typisch für das ehemals periglaziale Mitteleuropa anzunehmen (BÜDEL 1959: 301 f.). Die andere Frage ist aber, ob die paläontologischen Belege nicht nur aus Zeiten relativ günstiger Klimabedingungen stammen, deren Pflanzen- und Tierreste unter schlechteren Klimabedingun-gen in die Sedimente gelangten und damit nicht als wahre Indikato-ren für die Umweltbedingungen zur Zeit der Ablagerung dieser Se-dimente gelten können. Unabhängig davon ist die Lückenhaftigkeit paläontologischer Überlieferung aus pleistozänen Sedimenten ein besonderes Problem der Quartärforschung. Das wird selbst in solchen exzellenten Profilen wie dem des Ascherslebener Sees im nordöstlichen Harzvorland eindrucksvoll demonstriert, wo etwa fluviale Kiese und Fließerden immer wieder Diskordanzen anzei-gen. So läßt sich zwar insgesamt eine zyklische Entwicklung des Klimas und der Abtragungsbedingungen während der letzten Kaltzeit ableiten, die kalt-ariden Höhepunkte der jeweiligen Zyklen sind jedoch durch Denudationsflächen gekennzeichnet, also durch Schichtlücken (MANIA und STECHMESSER 1970: 40). Weitere Probleme der Klimarekonstruktion diskutiert FRENZEL (1980).

3.2 Deflationswannen und Dünen

Als Relikte ehemaliger periglazialer Windformung sind vielerorts Flugsande verbreitet. Sie nehmen als Flugsanddecken und als Dünen große Teile des nördlichen Mitteleuropas ein, kommen aber auch in sandigen Niederungsgebieten Mittel- und Süddeutschlands vor. Als Auswahl aus der umfangreichen Literatur seien die Arbeiten von MAARLEVELD (1960) für die Niederlande, PYRITZ (1972) für die nordwestlichen Teile der Bundesrepublik, LEMBKE et al. (1970) für die DDR, DYKLIKOWA (1969) für Polen, BRUNNACKER (1959a) und HABBE et al. (1981) für Franken sowie BECKER (1967) für das Oberrheingebiet angeführt.

PYRITZ (ib.: 15) weist auf die enge Anlehnung der *Dünen* in Nordwestdeutschland an die Talsandebenen der Flüsse hin. Der größte Teil der Dünen liegt in einem nur wenige Kilometer breiten Streifen *beiderseits* der Flüsse. Hier lag mit den jungpleistozänen Talsanden ausreichendes Liefermaterial vor. Laut PYRITZ (ib.: 109 ff.) sind spätglaziale Dünen von den oft weiter verbreiteten holozänen („quasinatürlichen") durch ihre vorherrschenden Parabel- und Strichformen zu trennen. Bei den jüngeren Dünen seien nicht so klare Formen ausgebildet. Außerdem gebe es u. a. Unterschiede hinsichtlich der Bodenbildungen auf den verschieden alten Dünen. LIEDTKE (1975: 84) sieht in Übereinstimmung mit älterer Literatur die spätglazialen Dünen als von Westwinden aufgeweht an.

KOZARSKI (1978: 299 ff.) stellt für Polen fest, daß es in Mittelwestpolen im Spätglazial mehrere Phasen der Dünenbildung gegeben habe. Erste Anzeichen stärkerer Windwirkung seien schon vor der Älteren Tundrenzeit in Form von Deflationswannen und Flugsanddecken zu erkennen. Die meisten der größten Dünen müßten jedoch in der Jüngeren Tundrenzeit aufgeweht worden sein.

Im nördlichen Oberrheingebiet ist ein großer Teil der Dünen vor der Jüngeren Tundrenzeit gebildet worden. Ähnliches gilt auch für Holland und das zentrale Polen. Im Rhein-Main-Gebiet liegt in einigen Dünen der allerödzeitliche Laacher Bimstuff. Stellenweise, nicht überall, liegen darunter Reste des Allerödbodens, der auch

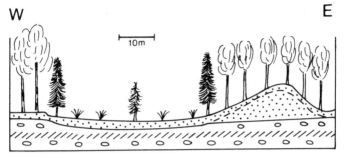

Abb. 34: Deflationswanne und Düne am Frankfurter Flughafen.
schräg schraffiert = Tonlage in mittelpleistozänem Kies;
punktiert = Flugsand mit Decke von bimstuffhaltigem Substrat; in der
Wanne besteht die Vegetation wegen hohen Grundwasserstandes überwiegend aus Pfeifengras

vor allem in Holland und in Ostfriesland zu finden ist (DÜCKER und
MAARLEVELD 1957: 227 ff.). Die meisten Dünen im Rhein-Main-
Gebiet enthalten jedoch nur in ihren obersten 50–70 cm Laacher
Bimstuff-Minerale. Eine Lößlehmkomponente kommt hinzu, so
daß insgesamt die Merkmale des „Decksediments" vorliegen (SEM-
MEL 1974: 38), ein offenbar in der Jüngeren Tundrenzeit entstande-
ner Durchmischungshorizont. Vielerorts sind die Dünen östlich
von Deflationswannen ausgebildet, so daß an der Mitwirkung west-
licher Winde bei der Deflation und Flugsandbildung im Oberrheingebiet nicht zu zweifeln ist. Ähnliches gilt auch für die holländi-
schen und nordwestdeutschen Dünen. Die klarsten Formen zeigen
häufig die vor dem Alleröd entstandenen Dünen. Die jüngsten, in
der Regel im Zusammenhang mit Rodungen gebildeten Dünen
tragen nur schwächere Böden, im Gegensatz zu den älteren, die sehr
kräftig entwickelte Podsole, Braunerden oder Parabraunerden aufweisen. Beispiele für die Lagebeziehungen zwischen Deflationswannen und Dünen sind in Abb. 34 dargestellt.
    In den kontinentaleren Gebieten sind auch *Lößdünen* zu finden,
also Formen, deren Sedimente überwiegend Schluffkorngröße aufweisen. Beispiele werden aus Polen und Ungarn (z. B. ROHDEN-
BURG 1968: 89 ff.) beschrieben. Der Übergang vom Flugsand zum
Löß ist in Talrandgebieten verschiedentlich zu beobachten. Oft treten Wechsellagerungen auf. SCHÖNHALS (1953) führte die Bezeichnung „Talrandfazies" ein. Meist sind aber Flugsande jünger. Im
Niederrheingebiet besitzen laut SIEBERTZ (1983: 84) indessen die

Flugsande, die von Ostwinden abgelagert wurden, ein größeres Alter als die von Südwestwinden sedimentierten Lösse.

3.3 Hangformen

3.3.1 Dellen

Als typische periglaziale Hangform in Mitteleuropa werden die Dellen angesehen (z. B. GRAUL und RATHJENS 1973: 43); ähnliche Formen sind indessen auf den Hängen rezenter Periglazialgebiete m. E. relativ selten zu finden (SEMMEL 1969: 55). Auf fast ebenen Reliefteilen kommen langgestreckte flache Hohlformen mit annähernd muldenförmigem Querschnitt – wie er für Dellen typisch ist – vor. Dennoch ist nicht zu bezweifeln, daß die in Mitteleuropa außerordentlich häufig anzutreffenden Dellen großenteils periglazialer Entstehung sind. Sie müssen von den sogenannten „Kulturdellen" (LINKE 1963: 739) unterschieden werden, die infolge von Kulturmaßnahmen („Verdellung" im Sinne KÄUBLERS 1938: 81) aus Tilken, Runsen und ähnlichen Hohlformen hervorgingen. Außerdem läßt sich nachweisen, daß Dellenquerschnitte auch allein durch Abspülung unter Acker entstehen können (SEMMEL 1961: 138f.). Echte periglaziale Dellen zeichnen sich durch die Einlagerung von Solifluktionsschutt und/oder Löß aus, auf denen unter Wald als Klimaböden Braunerden und Parabraunerden entwickelt sind. Daß solche Formen kein präquartäres Alter besitzen, ist durch ihre Ausbildung in eindeutig quartären Tälern bewiesen. Sie werden gegenwärtig unter natürlichen Bedingungen (Waldbedeckung) nicht entscheidend weitergeformt. Ähnliches darf auch für die Formung während der pleistozänen Warmzeiten gelten.

In Abb. 35 sind zerdellte Hänge aus dem Buntsandsteingebiet des Fulda-Werra-Berglandes wiedergegeben. Zwei typische Querschnitte seien mit Hilfe der Abb. 36 näher erläutert. In größerer Meereshöhe findet man häufig Formen, die von zwei Schuttdecken überzogen sind. Das Anstehende geht zunächst hakenschlagend in den „Basisschutt" (SEMMEL 1964) über, einer aus einer oder mehreren Schuttdecken unterschiedlicher Mächtigkeit bestehenden Abfolge, die nur lokales Material, in diesem Fall also Buntsandstein, enthält. Sie kann auch verspültes Substrat, z. B. Sand, aufweisen. Darüber folgt der „Deckschutt", der im Gegensatz zum Basisschutt eine relativ gleichbleibende Mächtigkeit (zwischen 40 und 70 cm, je

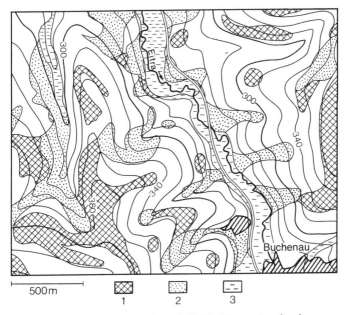

Abb. 35: Zerdellte Hänge im Eitratal (Fulda-Werra-Bergland).
1 = Deckschutt über Buntsandstein (vor allem auf Geländekanten)
2 = Deckschutt über Metaschutt und Basisschutt in Dellen
3 = Auenlehm; die weißen Flächen stellen Deckschutt über Basisschutt
dar

nach vorherrschender Korngröße) besitzt. Ihn zeichnet darüber
hinaus fast immer eine deutliche äolische Komponente aus (Anstieg
des Grobschluffs, teilweise auch des Sandes, Gehalt an buntsand-
steinfremden Schwermineralien, vgl. Abb. 37). Häufig nimmt dieser äolische Anteil nach unten ab. Manchmal liegt zwischen Basisschutt und Deckschutt eine dünne Sandschicht. Wiederholt sind
auch steilgestellte Sandsteinbrocken an der Obergrenze des Basisschuttes zu beobachten, seltener Kryoturbationstaschen oder
Eiskeil-Pseudomorphosen.

In geringerer Meereshöhe schaltet sich zwischen diese beiden
Schuttdecken in den Dellenzentren ein stark lößlehmhaltiger Schutt
ein, der „Mittelschutt" (SEMMEL 1968: 64 f.) oder „Metaschutt"
(SEMMEL 1974: 41), der ähnlich wie der Basisschutt recht verschie-
dene Mächtigkeit haben kann. Im Metaschutt ist in der Regel im
Buntsandsteingebiet der Sandgehalt geringer als im Deckschutt.
Außerdem sind meist unterschiedliche Steingehalte in beiden

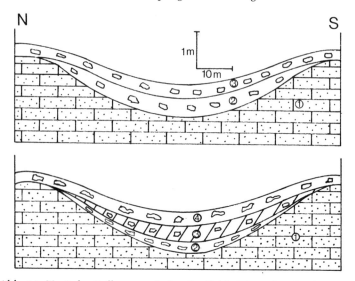

Abb. 36: Typische Dellenquerschnitte im Fulda-Werra-Bergland.

oben: Delle mit Deckschutt (3) über Basisschutt (2) und Buntsandstein
(1)

unten: Delle mit Deckschutt (4) über Meta- (oder Mittel)schutt (3),
Basisschutt (2) und Buntsandstein (1)

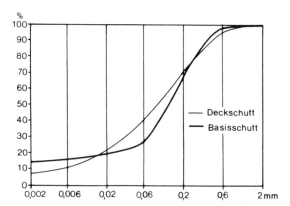

*Abb. 37: Korngrößen-Summenkurven des Feinmaterials im Deck- und
Basisschutt im Fulda-Werra-Bergland.*

Schuttdecken zu beobachten. Das Vorkommen des Metaschutts konzentriert sich auf ausgesprochene Schutzlagen, er ist also auch außerhalb der Dellen an Unterhängen oder unterhalb von Hangversteilungen zu finden. Auf Geländekanten, die im Buntsandsteingebiet in der Regel durch Grobsandsteinbänke verursacht werden, liegt oft nur der Deckschutt. An anderer Stelle sind weitere Einzelheiten zu diesem Fragenkomplex ausgeführt (SEMMEL 1968: 59ff.). Ähnlich ist auch die Abfolge der Schuttdecken auf anderen Gesteinen entwickelt. Der Basisschutt zeigt in Gesteinen, die zu scherbigem Zerfall neigen (z. B. Schiefer), bevorzugt die Merkmale von Schwemmschutt ('Grèzes Litées', vgl. z. B. KARTE 1983). Die drei Schuttdecken – besser Schuttkomplexe, denn Untergliederungen sind in den einzelnen Einheiten häufig möglich – lassen sich oft bis in die Schotterkörper der Talauen verfolgen, besitzen demnach also letztkaltzeitliches Alter. Stellenweise ist nachzuweisen, daß Basis- und Metaschutt erst nach dem Mittelwürm (im Sinne von SCHÖNHALS et al. 1964), der Deckschutt erst nach dem Alleröd entstanden. Neuerdings kommt FRIED (1984: 56) zu dem Ergebnis, daß auch Basis- und Metaschutt noch in der Jüngeren Tundrenzeit gebildet wurden. Demnach kann also stellenweise die gesamte Schuttdeckenabfolge erst am Ende der letzten Kaltzeit entstanden sein. Nicht sicher bleibt bis heute, wie diese Schuttdeckengliederung mit den von SCHILLING und WIEFEL (1962) aus der DDR beschriebenen Schuttfolgen zu parallelisieren ist. Auch der von STAHR (1979: Tab. 1) gegebene Parallelisierungsversuch ist m. E. mit großer Skepsis zu betrachten, weil – worauf STAHR (ib.: 15) selbst hinweist – Geländevergleiche nicht stattfanden.

Welche geomorphologischen Folgerungen sind aus dem Schuttdeckenaufbau hinsichtlich der Entwicklung der Dellen zu ziehen? Der derzeitige Übergang zum Anstehenden zeigt, daß das feste Gestein durch *Solifluktion* in Bewegung gerät. Selbstverständlich ist aus den Schuttdecken und an deren Oberflächen – ganz ähnlich wie in den heutigen Frostschuttzonen – Feinmaterial ausgespült worden. Der Übergang zum festen Gestein zeigt aber, daß dadurch kein wesentlicher Abtrag an der Basis der Schuttdecken erfolgte, denn sonst könnten die allmählichen Übergänge (Hakenschlagen) sich nicht erhalten haben. Aus- und abgespült wurde nur Substrat aus dem oberen Bereich der Schuttdecken. Auf diese Weise wurde also durch kryoturbat-solifluidale Vorgänge das Material für die Hangabtragung durch fließendes Wasser bereitgestellt. Selbstverständlich soll nicht bestritten werden, daß auch durch die Solifluktion den Vorflutern erhebliche Schuttmengen zugeführt wurden, ansonsten wäre die Schotterlast und -ablagerung ehemals periglazialer Flüsse nicht überzeugend zu deuten. Hierbei muß jedoch beachtet werden, daß Solifluktionsschutt in größeren Mengen auch durch Uferunterschneidung in den Vorfluter gelangen kann. Schuttfächer, die sich „aktiv" in einen Talboden erstrecken, enthalten neben Solifluktionsschutt häufig schon sehr viel Schwemmschutt, also fluvial transportiertes Material. Solche Schuttmassen bilden sich in größeren Dellentälern. Diese gehören jedoch nicht zu den oben diskutierten Dellen (vgl. auch die Beschreibung ähnlicher Formen in rezenten Periglazialgebieten auf S. 43).

Die Abtragung des festen Anstehenden hat also demnach mit der Fossilisierung des Basisschutts ein vorläufiges Ende erreicht. Eine Ausnahme machen nur die Hangpartien, an denen der Deckschutt direkt aus dem Anstehenden hervorgeht. Dieser Schutt konnte in den deutschen Mittelgebirgen wiederholt als Produkt der Jüngeren Tundrenzeit erkannt werden, weil er Minerale des allerödzeitlichen Laacher Bimstuffs enthält beziehungsweise diesen überwanderte (SEMMEL 1968: 87f.). Solche Tufflagen zeigen ebenso wie Sand- oder Lößschichten an, daß der Deckschutt eine eigenständige Schicht ist, der unter ihm häufig vorkommende Basisschutt also sicher keinen großen Bewegungen zur Zeit der Deckschuttbildung ausgesetzt war.

Gelegentlich bestehen Schwierigkeiten, den Deckschutt von holozänen Sedimenten zweifelsfrei zu trennen. Das gilt insbesondere für steinarme oder sogar steinfreie Substrate („Decksediment"), die Kolluvien der Bodenerosion oft ähneln. Man versuchte auch wiederholt durch Messungen zu belegen, daß die oberflächennahen Schuttzonen rezent in Bewegung seien. So kommt beispielsweise GÖBEL (1977: 395) aufgrund von Messungen im Taunus zu dem Ergebnis, es könne kein Zweifel daran bestehen, daß auf bewaldeten Hängen mit geringer bis mäßiger Neigung im Taunus eine eindeutig meßbare Verlagerung der obersten Bodenhorizonte erfolgt. Die jährlichen Raten betrügen zwei bis drei Millimeter. Der Tiefgang beschränke sich indessen auf ca. 10 Zentimeter, erreiche also bei weitem nicht die Basis des Deckschuttes. Ähnliche Ergebnisse aus anderen Gebieten legte YOUNG (1974) vor. Gleichgültig, ob man die Resultate als hinreichend gesichert ansieht oder nicht, eine deutliche Veränderung der periglazialen Schuttdecken haben diese Vorgänge bis heute nicht bewirkt. Meines Erachtens darf nach wie vor die seit nahezu 50 Jahren vertretene Ansicht BÜDELS (zuletzt 1981: 206) gelten, die Solifluktionsdecken aus dem Endabschnitt der letzten Kaltzeit hätten in der ganzen Nacheiszeit keine weitere Bewegung und Neubildung erfahren. Die mögliche Übereinstimmung der Deckschuttbasis mit der Grenze der holozänen „thermischen Sprungschicht" im Sinne von MÜLLER (1965) überrascht nicht, wenn berücksichtigt wird, daß beide Erscheinungen klimatisch bedingt sind.

Die oben ausgeführten Überlegungen gelten nicht nur für Dellen, sondern für die Formung auf Hängen insgesamt. Durchgehend ist zumindest der Deckschutt entwickelt, er fehlt nur an Stellen, an denen die anthropogen bedingte Bodenerosion stärkere Wirkung erreichte. Große Verbreitung hat auch der unter dem Deckschutt liegende Basisschutt. Nach seiner Ablagerung erfolgte auch außerhalb der Dellen keine nennenswerte Hangabtragung mehr. Anders sind Profile nicht zu deuten, wie sie anschließend beschrieben werden.

Unter einem mit 5° nach Nordost geneigten Hang in der Hohen Rhön (vgl. SEMMEL 1968: 81 f.) liegt mit gleichbleibender Mächtigkeit der hellbraune Deckschutt. Er ist über kryoturbat gestauchte Röttone und mit Buntsandsteinschutt gefüllte Taschen hinweggewandert. Die Rötschiefertone verlieren ca. 2,5 Meter unter der Oberfläche ihr normales Gesteinsgefüge und sind zwischen zwei und ein Meter unter Flur laminar verflossen. Sie enthalten Buntsandstein, der hangoberhalb ansteht. Der überdeckende Sandsteinschutt führt keine erkennbaren Rötbeimengungen, zur Zeit seiner Ablagerung fand also zumindest keine nennenswerte Abtragung des Röts mehr statt. Anders wäre auch die vorzügliche Erhaltung der laminaren Schichtung der oberen Rötschichten nicht zu erklären. Das darunter liegende Röt mit dem zerstörten Primärgefüge spiegelt ohne Zweifel den „Eisrinden-Effekt" wider. Die kryoturbate Stauchung wirkte sich in dieser Tiefe nicht aus, was dafür spricht, daß sie nur im Auftauboden erfolgte, wahrscheinlich zu einer Zeit besonders starken Tieftauens. Der Laminarbereich wurde dagegen voll erfaßt. Die stärker aufgepreßten Rötlagen sind später vom Deckschutt geschnitten worden. Bröckchen von Rötmaterial froren in dem Deckschutt auf. Die hydrologische Inhomogenität, die durch die Kryoturbationen hervorgerufen wurde, ist wohl auch die Ursache für die spätere Entwicklung kleiner Kissenböden-Stauchungen an der Basis des Deckschutts im Bereich der großen Kryoturbationstaschen gewesen. Obwohl im Deckschutt sowohl Röt- als auch Sandsteinmaterial enthalten sind, wird deutlich, daß die spätere Abtragung nach der Ablagerung des (ersten) Basisschuttes, nämlich des laminaren Rötkomplexes, keine Tieferlegung des anstehenden Röts mehr bewirkte.

Die *Abtragungsleistung* der *Solifluktion* ist dort gut abzuschätzen, wo die Verbreitung von „Leitgesteinen" genau zu verfolgen ist. In dem vorstehend erörterten Beispiel aus der Hohen Rhön werden hangabwärts die Buntsandsteine immer seltener und sind schließlich gar nicht mehr zu finden. Generell ist der Deckschutt dann frei von Sandsteinen. Die Sandkomponente im Feinmaterial des Deckschutts verringert sich drastisch, eine Schwemmsandlage, wie sie weiter hangaufwärts häufig zwischen Basis- und Deckschutt zu finden ist, kommt nicht mehr vor. Eindrucksvoll zeigen auch die Muschelkalkschutte über dem Röt vor der Muschelkalk-Stufe die Begrenzung des Solifluktionstransports. Zwar könnte hier eingewendet werden, sie seien der Bodenerosion auf den in der Regel intensiv ackerbaulich genutzten Röthängen oder der holozänen Kalklösung (ROHDENBURG und MEYER 1963: 139) zum Opfer gefallen, doch läßt sich wahrscheinlich nachweisen, daß der Muschelkalkschutt oft nicht den Vorfluter erreicht hat, sofern längere Rötpartien zu überwandern waren (SEMMEL 1968: 72 ff.). Mit größerer Sicherheit ist die Reichweite von Basaltschutten festzulegen. Am Beispiel des Stoppels-Berges aus dem nördlichen Rhönvorland kann gezeigt werden, daß in der Regel die solifluidal transportierten Basaltbrocken nicht in den Vorfluter gelangten (SEMMEL ib.: 78 f.), sondern noch heute auf den Hängen dieses Berges liegen (vgl. Abb. 38).

Viele Dellen sind – ähnlich wie die Täler – *asymmetrisch*. Ohne Zweifel äußert sich hierin häufig ein spezifisch periglazialer Formungseffekt. Eine ausführliche Darstellung des Forschungsstandes in Mitteleuropa gibt KARRASCH (1970). Danach herrschen in größeren Höhen (oberhalb ca. 600 m NN) NE-Asymmetrien vor mit nordostexponierten Steilhängen, in tieferen Lagen SW-Asymmetrien. In Übereinstimmung mit manchen älteren Autoren kommt KARRASCH (ib.: 135) zu dem Ergebnis, daß sich hierin unterschiedliche Dauer und Intensität der Schneeansammlung und der Auftauvorgänge während der Periglazialzeiten äußern. Allgemein darf wohl erwartet werden, daß intensivere Vernässung Solifluktion und Abspülung fördert und deshalb Hänge mit stärkerer Durchfeuchtung abflachen. Bei den Dellen, die SW-Asymmetrie zeigen, ist häufig zu beobachten, daß der flachere (nordostexponierte) Hang auch den lößlehmhaltigen Metaschutt (= Mittelschutt) trägt, während der steilere Gegenhang nur von Basis- und Deckschutt oder

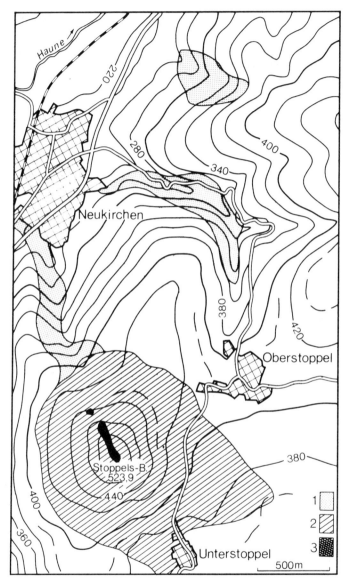

Abb. 38: Verbreitung von Solifluktionsschutten im Fulda-Werra-Bergland.
1 = stark lößlehmhaltiger Schutt in Leelagen von asymmetrischen Dellen; 2 = Basaltschutt; 3 = anstehender Basalt

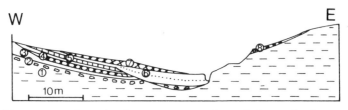

Abb. 39: Querschnitt durch eine asymmetrische Delle bei Frickenhausen in Mittelfranken.
1 = Keupertonstein; 2 = Solifluktionsschutt; 3 = Rißlöß; 4 = Parabraunerde der letzten Warmzeit; 5 = Altwürm-Humuszone; 6 = Naßboden des Jungwürms; 7 = erodierte Parabraunerde; 8 = Deckschutt

nur von letzterem bedeckt ist (Abb. 38). Ähnlich wie der Löß wird auch der Schnee in Leelage stärker akkumuliert worden sein. Tau- und Abspülungsvorgänge setzen wahrscheinlich – ähnlich wie aus rezenten Periglazialgebieten beschrieben – am ehesten am Fuß des nach Südwest exponierten Gegenhangs ein und versteilen diesen. Die NE-Asymmetrie, wenn es sie denn so eindeutig geben sollte, läßt sich meines Erachtens am einfachsten durch in diesen hohen Lagen häufig perennierende Schneeflecken erklären, die die Leehänge durch Formung von Nivationsnischen (starke Wandverwitterung und -rückverlegung durch besonders intensive Frostsprengung) versteilten. Die Bedeutung des Lee-Effektes bei der Entwicklung asymmetrischer periglazialer Dellen tritt wohl vor allem bei Formen zutage, in denen *primärer Löß* erhalten geblieben ist. In diesen (tieferen) Meereshöhen zeigt sich, daß auf den flachen ost-exponierten Hängen sehr oft vielgliedrige Lößdecken liegen, die dokumentieren, daß die Flachheit dieser Hänge nicht das Ergebnis verstärkter solifluidaler oder abspülender Abtragung sein kann. Die hier eindeutig vorherrschende SW-Asymmetrie entstand vielmehr durch stärkere fluviale Unterschneidung der südwestexponierten Hänge. An vielen solchen mitteleuropäischen Formen läßt sich eine Wanderung der Tiefenlinie von Westen nach Osten während des Pleistozäns nachweisen. In Abb. 39 ist ein entsprechendes Beispiel dargestellt. Eindrucksvolle asymmetrische Formen aus dem bayerischen Alpenvorland werden von BÜDEL (1981: 230ff.) angeführt.

Viele Dellen waren bereits in älteren Kaltzeiten bis in das Niveau ihres heutigen Bodens, oft auch tiefer, eingeschnitten (SEMMEL 1968: 108; SEMMEL und STÄBLEIN 1971: 31). Am Beispiel der letzten Kaltzeit ist wiederholt demonstriert worden, wie auf den löß-

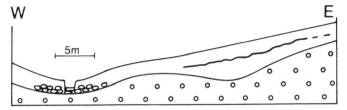

Abb. 40: *Lößverkleidung von Dellen mit unterschiedlichem Einzugsgebiet (südliches Taunusvorland).*
Die westliche Form hat ein relativ großes Einzugsgebiet und ist bis kurz vor dem Ende der letzten Lößakkumulationsphase noch fluvial geformt worden (Schotterakkumulation). Das Einzugsgebiet der östlichen Form ist auf einen kleinflächigen Hang beschränkt. Diese Form wurde im jüngsten Würm nicht mehr vertieft, sondern total mit Löß, der den Eltviller Tuff enthält, aufgefüllt.

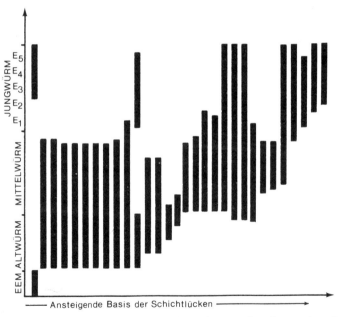

Abb. 41: *Schichtlücken in Würmlößprofilen als Anzeichen für Erosionsphasen während der letzten Kaltzeit* (nach WALTHER und BROSCHE 1982). Darstellung der Schichtlücken von 30 ausgewählten Aufschlüssen aus Hessen, Niedersachsen, dem Mittel- und Niederrheingebiet.

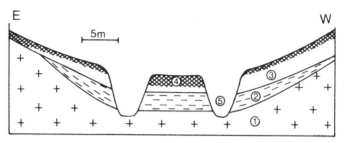

Abb. 42: Holozäne Kerben in pleistozäner Delle bei Liebersbach (Kristalliner Odenwald).
1 = vergruster Granodiorit; 2 = Schwemmschutt; 3 = Löß; 4 = erodierte Parabraunerde (Flurwüstung unter Wald)

bedeckten Hängen Abtragung und Akkumulation wechselten, ohne daß das Liegende des Lösses erreicht wurde (ROHDENBURG 1968; SEMMEL 1968). Häufig sind im Dellentiefsten Schwemmsedimente (Schutt und verspülter Löß) zu finden. Formen mit geringem Einzugsgebiet wurden in Zeiten sehr starker Lößakkumulation oft vollständig aufgefüllt. Das gilt insbesondere für die Zeit des trockenkalten Höchststandes der letzten Eiszeit (vgl. Abb. 40). Die feuchteren Abschnitte sind dagegen vielfach mit Phasen der „Dellenbildung" zu verbinden (SEMMEL 1968; BROSCHE und WALTHER 1978). Diese Phasen stellen in den Lößprofilen deutliche Schichtlücken dar (vgl. Abb. 41). Über Lößdecken der vorletzten Kaltzeit publizierte BIBUS (1974) entsprechende Befunde. Am Ende der letzten Kaltzeit kommen häufiger runsenartige Formen vor (u. a. KESSLER 1962: 63 ff.; WERNER 1979: 175). In der Regel sind diese aber nicht so steilwandig wie die holozänen Kerben (vgl. Abb. 42).

Als vorherrschendes abtragendes Agens hat bei der Eintiefung der Dellen in den Lössen der Oberflächenabfluß gewirkt. Neben den scharfen Diskordanzen weisen Kiesbänder und andere Schwemmsedimente darauf hin. In verschiedenen Aufschlüssen läßt sich belegen, daß nicht nur in deutlicher Hanglage, sondern auch auf nahezu ebenen Terrassenflächen scharfe Abtragungsdiskordanzen Lößprofile über Hunderte von Metern durchziehen (SEMMEL 1968: 118 ff.). Oft ist nur der C_c-Horizont des letztinterglazialen Bodens erhalten geblieben, der wegen seiner Carbonatanreicherung der Abtragung besonders widerstand. Nicht auszuschließen ist, daß auch durch Verwehung von Löß und Lößlehm die flächenhafte Tieferlegung gefördert wurde.

3.3.2 Hangverflachungen und andere Hangformen

In den Mittelgebirgen, insbesondere in den Hochlagen, sind des öfteren vor Gesteinsklippen relativ ebene Terrassen anzutreffen. Hövermann (1953) bezeichnete solche Formen aus dem Harz als „Cryoplanationsterrassen", Fezer (1953: 52) ähnliche Bildungen im Nordschwarzwald als „Solifluktionsterrassen". Sie sind wohl den Formen der rezenten Periglazialgebiete ähnlich, die auch Golezterrassen genannt werden. Göbel (1978: 43 ff.) unterscheidet jedoch im Westharz die typischen Golezterrassen von Solifluktionsterrassen.

Von den Felsklippen und Kryoplanationsterrassen setzen sich häufig *Blockströme* hangabwärts fort. Sie überwanderten andere Gesteine über lange Strecken. Schöne Beispiele finden sich etwa im Buntsandstein-Odenwald, wo das „Hauptkonglomerat" als besonders geeigneter „Blocklieferant" hervortritt (z. B. Geiger 1974). In Abb. 43 ist eine Formenabfolge aus dem Kristallinen Odenwald wiedergegeben (vgl. auch Graul 1977: 37f., 162). Von den Blockströmen sind *Blockmeere* zu unterscheiden, deren Komponenten nicht oder nicht wesentlich hangabwärts verlagert, sondern durch Ausspülung des Feinmaterials freigelegt wurden. Zu ihrer Bildung war nicht unbedingt periglaziales Klima erforderlich, gleichwohl läßt sich die Mitwirkung periglazialer Formung an Blockmeeren als sicher voraussetzen, wenn diese nur wenig oberhalb der Talböden liegen, also im eindeutig pleistozänen Formenbereich. In Abb. 44 sind typische Situationen von periglazialen Blockmeeren und Blockströmen dargestellt. In vielen Fällen muß dagegen mit der Existenz tertiärer Vorformen gerechnet werden. Das betrifft sowohl die Felsklippen (Felsburgen), die vor allem in Plateaulagen auch Reste von Inselbergen sein können, als auch die Tiefenverwitterung (Vergrusung) der Massengesteine. Die Beteiligung periglazialer Frostverwitterung an der Vergrusung war bisher nicht eindeutig nachzuweisen. Unbestritten bleibt lediglich, daß in pleistozänen Schotterkörpern der Anteil vergruster Gerölle mit zunehmendem Alter steigt und daß unter manchen Schotterterrassen mehrere Dezimeter besonders stark vergruster Partien Granits oder ähnlicher Gesteine liegen.

Als weitere Zeugen ehemals periglazialer Hangformung sind die quartären *Fußflächen* anzuführen. Es handelt sich dabei in der Regel um vorwiegend durch Abspülung entstandene Abtragungsflächen, die einem höheren Rückhang vorgelagert sind. Meistens laufen sie

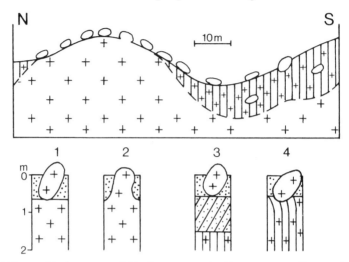

Abb. 43: Blockmeere und Blockströme an der Tromm (Kristalliner Odenwald).
1 = hangabwärts transportierter Block im Deckschutt (gepunktet) über
    unverwittertem Granit
2 = herauswitternder Block neben anderen nicht nennenswert hangabwärts verlagerten Blöcken auf einer Kuppe
3 = hangabwärts transportierter Block in einer Delle (Deckschutt über
    Metaschutt und vergrustem Granit)
4 = hangabwärts transportierter Block im Deckschutt über vergrustem
    Granit mit Hakenschlagen
Manche Blockströme an der Tromm könnten fossile Blockgletscher sein.

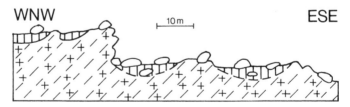

Abb. 44: Golezterrassen am Krehberg (Kristalliner Odenwald).
senkrechte Schraffur = vergruster Diorit
gerissene Schraffur = geklüfteter unverwitterter Diorit

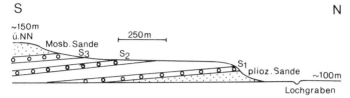

Abb. 45: *Pleistozäne Fußfläche nordwestlich Worms (Rheinhessen).*
S_1 bis S_3 stellen altpleistozäne Schotterkörper dar, denen Lehme zwischengelagert sind. Die Fußfläche schneidet die gesamte Sedimentfolge und auch noch die ca. 700 000 Jahre alten „Mosbacher Sande".

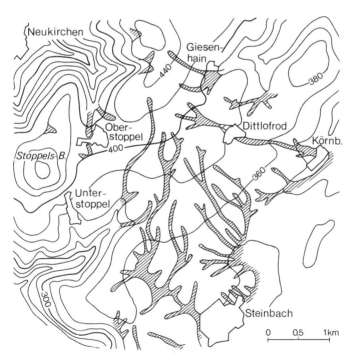

Abb. 46: *Dellentälchen auf der Strukturfläche des Solling-Sandsteins (nördliches Rhönvorland).*

auf eine pleistozäne Terrasse aus. BRUNOTTE (1978) beschreibt entsprechende Formen aus dem Leine-Weser-Bergland. Da überwiegend Löß den Felsuntergrund solcher Flächen bedeckt, ist oft nicht auszuschließen, daß es sich um Terrassen eines Flusses handelt, die nur vereinzelt Schotterreste aufweisen. Gelegentlich bleibt auch offen, ob nicht tektonisch abgesunkene tertiäre Flächenreste vorliegen. Ein solcher Fall ist z. B. mit dem „Horst der Hohen Straße" nördlich von Frankfurt am Main gegeben, dessen Hochfläche unter Löß in größerer Verbreitung Laterite trägt. Während in den benachbarten Mittelgebirgen entsprechend alte Verebnungen erst oberhalb 300 m NN liegen, sanken im Oberrheingraben, zu dem auch der Horst der Hohen Straße gehört, die Verebnungen wesentlich tiefer ab und täuschen so stellenweise pleistozäne Flachformen vor. Solche Fehldeutungen sind dann ausgeschlossen, wenn die Fußflächen in pleistozäne Sedimente eingeschnitten wurden. Ein Beispiel aus dem südlichen Rheinhessen zeigt Abb. 45.

Flächenhafte Formen erzeugte die periglaziale Abtragung vor allem auch durch Freilegung von Strukturflächen. Ein charakteristisches Beispiel ist die in den Buntsandsteingebieten oft anzutreffende Sandsteinfläche, die durch Denudation des morphologisch weichen Röttones entstand. Das Material wurde hauptsächlich über sehr flache resequente Dellentälchen abtransportiert (vgl. Abb. 46). Während zumindest die größeren dieser Formen noch am Ende der letzten Kaltzeit ausgeräumt wurden, dominierte auf den benachbarten Arealen die Lößlehmakkumulation während des Würmmaximums und unterband damit die Abtragung im anstehenden Triasgestein.

3.4 Talformen

3.4.1 Talböden

Für die ehemals periglazial geformten Täler Mitteleuropas sind breite Talböden typisch, die im Längsprofil in der Regel keine deutlichen Gefällsbrüche aufweisen. Der eigentliche Talboden solcher Sohlentäler wird von einem Schotterkörper gebildet, der eine Hochflutlehmdecke trägt. Die Schotter sind überwiegend in der letzten Kaltzeit akkumuliert worden. Holozäne Umlagerungen konnten allerdings wiederholt nachgewiesen werden, beispielsweise von SCHIRMER (1981) am Obermain. Auch ein Teil der

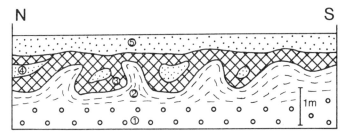

Abb. 47: Kryoturbatgestörte Deckschichten auf der Älteren Niederterrasse des Untermains.
1 = Kies der Älteren Niederterrasse; 2 = kalkhaltiger Hochflutlehm; 3 = entkalkter Hochflutlehm, die Entkalkungsgrenze zeichnet die kryoturbaten Strukturen nach; 4 = Reste von Laacher Bimstuff; 5 = sandiges Decksediment

Hochflutlehme ist noch pleistozänen Alters. Diese Hochflutlehme tragen oft intensiv entwickelte Parabraunerden im Gegensatz zu holozänen Auenlehmen, die schwächere Bodenbildungen, oft nur Bodensedimente aufweisen. An vielen Stellen kann das spätglaziale Alter der Hochflutlehme durch Einschaltungen des Laacher Bimstuffes belegt werden, so z. B. im Leinetal (ROHDENBURG 1965: 48), im Lahntal (MÄCKEL 1969: 140 ff.) und im Rheintal (SONNE und STÖHR 1959: 113). Auch kommen Kryoturbationen und ähnliche Formen vor. Die Abb. 47 zeigt ein Beispiel aus dem Untermaingebiet.

In vielen, vor allem in kleineren Tälern war in der ausklingenden letzten Kaltzeit die Akkumulation der größeren Schotterkörper abgeschlossen, wie die weite Verbreitung der spätkaltzeitlichen Hochflutlehme in deren Talböden anzeigt. Die Schuttzufuhr von den Hängen hat sich offenbar zu dieser Zeit bereits deutlich verringert. Die Verknüpfung von Schotterkörper und Hangschuttdecken oder Löß ist ansonsten wiederholt beobachtet worden (z. B. SEMMEL 1961a: 432 f.; BIBUS 1971: 214; KULICK und SEMMEL 1968: 349). Die Hauptmasse des Schuttes gelangte aber wohl über Schwemmfächer in den Talboden, die von größeren Dellen und heute trockenliegenden Tälchen vorgeschüttet wurden (Abb. 48).

Wiederholt ist nachgewiesen worden, daß Talböden durch mehrgliedrige Schotterkörper aufgebaut werden. Seit langem gilt dafür als typisches Beispiel das Mittelrheintal mit der Älteren und der Jüngeren Niederterrasse (JNT). Hier läßt sich die JNT als Bildung der Jüngeren Tundrenzeit diagnostizieren (jüngste Bearbeitung

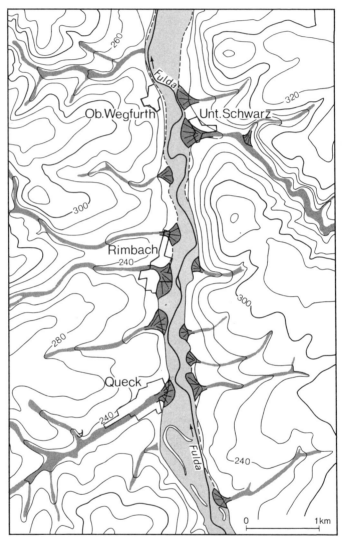

Abb. 48: Schwemmfächer im Fuldatal (nach Geol. Kte. Hessen 1 : 25000, Bl. 5223 Queck).

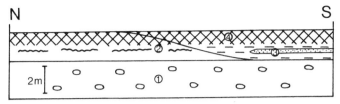

*Abb. 49: Löß und Hochflutlehm auf der Älteren Niederterrasse des Unter-
mains.*
1 = Kies der Älteren Niederterrasse; 2 = Eltviller Tuff im Löß; 3 =
Laacher Bimstuff im Hochflutlehm; 4 = Parabraunerde

durch BIBUS 1980: 151 ff.). Aber auch in den älteren Abschnitten
der letzten Kaltzeit wechselten wiederholt Phasen der Einschneidung mit Phasen der Akkumulation (SEMMEL 1972; RICKEN 1982).
Diese Wechsel lassen sich m. E., da sie in tektonisch sehr verschiedenen Räumen zu beobachten sind, am ehesten klimatisch deuten.
Geringere Schuttbelastung der Wasserläufe kann beispielsweise
Zerschneidung von Schotterkörpern auslösen. So wird auch ver-
ständlich, weshalb auf älteren Schotteroberflächen der letzten Kaltzeiten noch Löß abgelagert wurde und bis heute erhalten blieb
(ROHDENBURG et al. 1962; SEMMEL 1972). Oft wurde dieser Löß
randlich von Hochflutlehm überlagert (vgl. Abb. 49).

3.4.2 Terrassen

Charakteristisch für die Täler im ehemals nicht vereisten Gebiet
Mitteleuropas ist die Gliederung ihrer Hänge durch Schotterterrassen. Im allgemeinen darf davon ausgegangen werden, daß die Akkumulation dieser Kiese ähnlich wie die der Niederterrassen in den
Talböden unter periglazialen Bedingungen erfolgte. Als Indikato-
ren der Kaltzeit gelten synsedimentäre Eiskeilbildungen, Driftblöcke, Reste eiszeitlicher Fauna und Vegetation. Schließlich ist
auch hier wie bei den Niederterrassen des öfteren die Verknüpfung
mit Solifluktionsschuttdecken und Löß beobachtet worden (vgl.
Abb. 50). Die seit SOERGEL (1924) immer wieder anzutreffende
Neigung, jeder pleistozänen Kaltzeit eine Schotterterrasse zu-
zuordnen (z. B. BIBUS 1980: Abb. 49), erscheint nicht unbedenk-
lich, denn wie oben ausgeführt, sind z. B. während der letzten
Kaltzeit mehrere Schotterkörper sedimentiert worden.

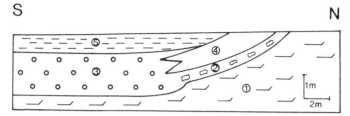

Abb. 50: Verknüpfung von Solifluktionsschutt, Löß und Kiesen der Nieder-
terrasse (Nettetal in Waldeck).
1 = Zechstein-Dolomit; 2 = Solifluktionsschutt; 3 = Kies; 4 = Würmlöß; 5 = Hochflutlehm

Allgemein gilt das Quartär in den Mittelgebirgen Mitteleuropas
als Zeit starker Zertalung. Gelegentlich ist dabei übersehen worden,
daß beispielsweise im Moselgebiet auch im Mitteltertiär tiefe Täler
eingeschnitten waren (vgl. die zusammenfassende Darstellung bei
SEMMEL 1984: 31 ff.). Für die quartäre Taleintiefung wird von
ROHDENBURG (1968a) als vorrangige Ursache die klimatisch bedingte eustatische Absenkung des Meeresspiegels im Pleistozän angesehen. Jedoch müßte der dadurch ausgelöste Erosionsimpuls in
den pleistozänen Senkungsgebieten (z. B. Niederrheinische Bucht,
Oberrheingraben) meines Erachtens verlorengehen, wenn er als
rückschreitende Gefällsversteilung nicht ohnehin weitgehend von
der Transgression der nächsten Warmzeit „eingeholt" worden ist.
BÜDEL (u. a. 1981: 82 f.) sieht in den tief eingeschnittenen pleistozänen Tälern Mitteleuropas die Auswirkung der durch den „Eisrinden-Effekt" ermöglichten „exzessiven Talbildung", die vor allem in
den feuchten Frühglazialperioden der einzelnen Kaltzeiten erfolgt
sei. HEINE (1971) erklärt in ähnlicher Weise auch die starke Einschneidung des Mittelrheins im mittleren und jüngeren Pleistozän,
womit die Ausbildung des Engtals verbunden gewesen sei. Das
Konzept BÜDELS geht davon aus, daß die Erosionsleistung während
des feuchten Frühglazials nicht von der im trockenen Hochglazial
folgenden Aufschotterung kompensiert wurde, insgesamt also die
Tiefenerosion dominierte. Am Beispiel des Mains und des Neckars
weist BÜDEL (ib.: 83) aber auch auf den Einfluß tektonischer Bewegungen hin. Hebungen und Senkungen im Oberrheingraben hätten
eine zweimalige Tiefenerosion mit zwischengeschalteter starker
Talverschüttung in diesen Tälern verursacht.
   In der Tat ist die Einwirkung von tektonischen Vorgängen bei der
Talentwicklung in Mitteleuropa nicht zu eliminieren. Das wird bei

einem Vergleich zwischen Maintal und Mittelrheintal besonders deutlich (SEMMEL 1984: 65). In beiden Tälern liegt die Grenze zwischen den tertiären und quartären Terrassen bei ca. 300 m NN. Die präcromerzeitliche beziehungsweise die cromerzeitliche Tiefenerosion erreichte am Mittelmain schon das heutige Auenniveau. Im Mittelrheintal blieb sie erheblich darüber. Die postcromerzeitliche Einschneidung ist an den verglichenen Stellen am Mittelmain mit allenfalls 50 Metern, am Mittelrhein dagegen mit mehr als 100 Metern anzusetzen. Der Main hat also gerade zu der Zeit, in der nach Ansicht HEINES (1971) die klimatischen Bedingungen für die exzessive Talbildung besonders gut waren, eine erheblich geringere Erosionsleistung vollbracht als im älteren Pleistozän, dessen klimatische Bedingungen für die exzessive Talbildung als weniger günstig angesehen werden (vgl. hierzu auch DIETZ 1981: 197ff.). Diese Unterschiede im Erosionsverhalten zwischen Rhein und Main sind wohl am besten durch tektonische Einflüsse zu erklären, die vom Oberrheingraben beziehungsweise der Niederrheinischen Bucht ausgingen. Insgesamt gesehen ist dennoch nicht zu bestreiten, daß die ehemals periglazialen Täler in Mitteleuropa auch härtere Gesteinspartien ohne größere Schnellen- oder Wasserfallbildung queren, im Verhältnis etwa zu tropischen Flüssen ein ausgeglicheneres Längsprofil haben. Daraus kann wohl zu Recht eine stärkere lineare Erosion abgeleitet werden. Deren Ursachen sind derzeit, soweit ich sehe, noch nicht eindeutig geklärt.

Die einzelnen Schotterterrassen können durchaus verschieden aufgebaut sein und haben möglicherweise unterschiedliche Entwicklungen genommen. In den mächtigen Talverschüttungen des Mains und des Neckars kommen neben den kaltzeitlichen Kiesen auch warmzeitliche Ablagerungen, insbesondere stark humose Tonlagen, vor. Aber auch in den stellenweise über 20 Meter mächtigen Schotterkörpern des Mittelrheintals sind paläontologische Belege für nicht nur hochkaltzeitliche Verhältnisse gefunden worden (z. B. BIBUS 1980: 102ff.). Eine lückenlose Interpretation des Formungsablaufs ist in der Regel nicht möglich, weil die häufig zu beobachtenden Erosionsdiskordanzen mehr oder weniger große Zeitabschnitte repräsentieren, die keine interpretierbaren Zeugnisse hinterlassen haben. Am Beispiel einer Terrassenabfolge aus dem oberen Mittelrheintal sei dies näher erläutert (Abb. 51). Die dort gebildeten Terrassen sind mit großer Sicherheit fast durch das gesamte Mittelrheintal hindurch zu verfolgen. Sie stellen ein schönes Beispiel einer „konstanten Terrassenserie" dar, das heißt eine im

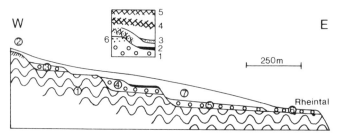

Abb. 51: Altpleistozäne Terrassenentwicklung (t_{R3} bis t_{R5}) am oberen Mittelrhein (nordwestlich St. Goar).
Die Zahlen im unteren Profil bedeuten: 1 = Schiefer; 2 = gelblicher Schieferzersatz; 3 = t_{R3}-Kies; 4 = t_{R4}-Kies; 5 = t_{R5}-Kies; 6 = Schotterstreu; 7 = Lößdeckschichten. Als vergrößerter Ausschnitt ist das Zentrum der Kiesgrube südlich Werlau wiedergegeben, die den mittleren Teil des t_{R4}-Kieses (Nr. 4 des unteren Profils) erfaßt. Es bedeuten: 1 = t_{R4}-Kies; 2 = fossiles Anmoor im ehemaligen Altlauf, das hangaufwärts in einen fossilen B_t-Horizont aus Löß übergeht; 3 = Basalttuff im Löß; 4 = jüngerer fossiler B_t-Horizont aus Löß; 5 = B_t-Horizont an der heutigen Oberfläche; 6 = Rotlehm

Längsverlauf des Tales immer wieder auftretende Abfolge einer gleichen Zahl übereinanderliegender Terrassen.

In Abb. 51 sind vier Terrassen dargestellt, deren jeweilige Basis im Vergleich zu der anderer Terrassen in einer exakt bestimmbaren Höhenlage liegt. Die heutige Ausbildung der Terrassen ist sehr unterschiedlich. Die älteste hat keine Schotterbedeckung. Ihr Felsboden (Schiefer) ist tiefgründig verwittert. Die nächstjüngere Terrasse besitzt einen Kieskörper von ca. fünf Metern Mächtigkeit, der direkt auf unverwittertem Schiefer liegt. Nach Osten wurde der Kies während einer jüngeren Erosionsphase ausgeräumt, ebenso noch etwas Schiefer. Die Kiesmächtigkeit der nächstjüngeren Terrasse erreicht 20 Meter. Auf der Terrassenoberfläche bildete sich ein rotlehmartiger Boden. Danach setzte Lößakkumulation ein; auf dem Löß entstand eine Parabraunerde. Diese geht hangabwärts in einen Gley und dieser schließlich in ein Anmoor über, das auf Hochflutlehm liegt. Nach der Ablagerung des Hochflutlehms tiefte der Rhein sich bis zur Basis der nächstjüngeren Terrasse ein. Die darauf folgende Aufschüttung erreichte mindestens 10 Meter. Im östlichen Teil der Terrasse ist davon nur noch eine Schotterstreu übriggeblieben.

Aufgrund der heutigen Geländebefunde liegt es nahe, für die so

unterschiedlich ausgebildeten Terrassen entsprechend differierende
Entwicklungen anzunehmen. Während die älteste als eine in einem
Zuge entstandene Felsterrasse gedeutet werden kann, erlaubt die
zweitjüngste den Schluß, daß ihre Bildung sich über mindestens
zwei Kaltzeiten und zwei Warmzeiten erstreckte. In der ersten
Kaltzeit erfolgten Einschneidung und Aufschotterung, in der nächsten Warmzeit auf den nicht mehr vom Fluß erreichten Terrassen-
teilen Rotlehmbildung. Die zweite Kaltzeit brachte Lößakkumulation, die nächste Warmzeit darauf Parabraunerde-, Gley- und Anmoorbildung (vgl. dazu auch SEMMEL 1984: 38 ff.). Es läßt sich aber
auch nicht widerlegen, daß die anderen Terrassen eine ähnliche
Entwicklung gehabt haben, denn die entsprechenden Bodenbildungen, Lößdecken etc. können abgetragen oder wegen unzurei-
chender Aufschlußverhältnisse bisher nicht gefunden worden sein.
Auch verhältnismäßig enge Bohrreihen, wie sie im angeführten Beispiel ausgeführt wurden, bieten keine absolute Gewähr, alle vorhandenen Straten zu erfassen. Das gilt insbesondere für die oft sehr
mächtigen Lößdecken auf den Terrassen.

3.4.3 Talasymmetrie

In vielen periglazialen Tälern Mitteleuropas sind asymmetrische
Talstrecken ausgebildet. Es überwiegt dabei die SW-Asymmetrie.
Die Bezeichnung folgt dem Vorschlag von POSER und MÜLLER
(1951), die diese Asymmetrie mit steilem südwestexponiertem
Hang zugleich als „sekundäre" bezeichnen und damit ausdrücken,
daß im Gegensatz zur „primären" vor allem die von Wasserläufen
ausgehende Hangunterschneidung entscheidenden Einfluß hat. Im
Kapitel über die Hangformen (3.3.1) wurde schon ausgeführt, daß
die Ursachen der sekundären Talasymmetrie strittig sind (vgl. dazu
KARRASCH 1970). Im folgenden soll mit Hilfe von Beispielen aus
verschiedenen Tälern der meines Erachtens typische Aufbau von
Abschnitten mit SW-Asymmetrie dargestellt und die Ursachen
seiner Entstehung erörtert werden.
Die Abb. 52 (a) zeigt den Querschnitt eines Nebentales auf der
Höhe der Einmündung in die untere Werra. Der steile westexponierte Hang ist von Buntsandstein aufgebaut. Auf ihm liegt
Solifluktionsschutt. Der flache Gegenhang ist lößbedeckt und birgt
drei Schotterterrassen, die in den Buntsandstein eingeschnitten sind
(vgl. auch SEMMEL 1972: 109). Einen ähnlichen Aufbau besitzt das

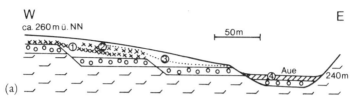

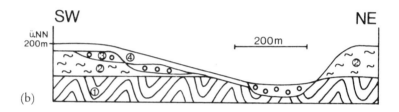

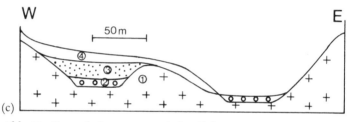

Abb. 52: Querschnitte asymmetrischer Täler.

(a) *Tal nördlich Wölfershausen/Werra;* 1 = Boden der letzten Warmzeit;
2 = Lohner Boden des Mittelwürms; 3 = Jungwürm-Naßboden;
4 = Auenlehm. Die Terrassenabfolge ist unter Ostverlagerung in
den liegenden Buntsandstein eingeschnitten.

(b) *Medenbachtal am südlichen Taunusrand;* 1 = vordevonischer Phyllit; 2 = Tertiär; 3 = Schotterkörper; 4 = Löß.

(c) *Liebersbachtal im Kristallinen Odenwald;* 1 = Granodiorit; 2 =
Schotterkörper; 3 = mittelpleistozäne Talauffüllung; 4 = Löß

Medenbachtal, das als typisches Beispiel für asymmetrische Täler
des südlichen Vorlandes des Rheinischen Schiefergebirges gelten
kann (vgl. Abb. 52[b]). Der steile westexponierte Hang ist aus vor-
devonischem Phyllit und Tertiär aufgebaut, der flache lößbedeckte
Gegenhang birgt mindestens zwei Schotterterrassen des Meden-
baches. Als letztes Beispiel sei das Liebersbachtal im südlichen Kristallinen Odenwald angeführt, dessen westexponierter Steilhang
aus Granodiorit besteht. Der flache Gegenhang ist ebenfalls lößbedeckt und enthält gleichfalls Reste älterer Bachsedimente. Hier

kommt hinzu, daß an manchen Stellen zwischen dem heutigen Talboden und den westlich davon liegenden älteren Bachsedimenten höher aufragende Partien von Granodiorit erhalten blieben (vgl. Abb. 52[c]), eine spezielle Art von Umlaufberg.

Die aufgeführten Beispiele belegen sämtlich eine Ostverlagerung der periglazialen Talböden während des Pleistozäns. Tektonische Ursachen können ausgeschlossen werden. Der Verlauf mancher asymmetrischer Täler läßt in anderen Fällen die Anlehnung an Störungszonen erkennen, so z. B. im südlichen Taunusvorland und in Rheinhessen. Das von BRÜNING (1975: 37f.) angeführte Welzbachtal gehört zu diesen Tälern. Dennoch ist fraglich, ob diese Störungen tatsächlich Einfluß auf die Asymmetrie haben. Vielmehr wird am ehesten der Westwindeinfluß hierfür verantwortlich sein, der die Wasserläufe nach Osten gedrängt hat. Hinzu kommt, daß der südwestexponierte Hangfuß im Frühjahr am schnellsten auftaute und Erosion durch fließendes Wasser ermöglichte. Windbedingt war hier die Schneebedeckung auch relativ gering, so daß Faktoren vorkommen, wie sie ähnlich bei den Dellen mit SW-Asymmetrie genannt worden sind. Die angeführten Talquerschnitte zeigen eines indessen ganz klar: Der flache ostexponierte Hang ist in keinem Fall auf intensive solifluidale Hangabtragung zurückzuführen, wie es in Übereinstimmung mit älterer Literatur auch von BRÜNING (ib.: 38f.) angenommen wird. Ganz im Gegenteil bezeugen die erhaltenen älteren Terrassen und ihre oft mächtigen Lößdecken mit vielen stratigraphischen Leithorizonten, daß in summa hier die Akkumulation überwog und nicht die Abtragung.

Das aus diesen Überlegungen abzuleitende Vorherrschen von Westwinden während der pleistozänen Kaltzeiten in Mitteleuropa wird manchmal in Frage gestellt, so etwa durch die Befunde von SCHÖNHALS (1953) aus dem nördlichen Böhmen, wo häufig die Lösse auf den ostexponierten Hängen nicht von West-, sondern von Ostwinden abgelagert wurden. THÜNE und STÖHR (1980) kommen generell zu dem Ergebnis, der Löß sei überwiegend von Ostwinden abgelagert worden. Nur so könne erklärt werden, weshalb in den Beckenlandschaften westlich des Oberrheins, etwa in Rheinhessen, so große Lößvorkommen liegen. Schwermineralogisch ließe sich die Abstammung dieses Lösses aus den östlich liegenden Rheinterrassen nachweisen. Lediglich dem im Jungwürmlöß vorkommenden Eltviller Tuff, der aus der Eifel stammt, konzedieren THÜNE und STÖHR westliche Winde als Transportmedium, wohl in Unkenntnis der Tatsache, daß dieser Tuff auch westlich der Eifel weit

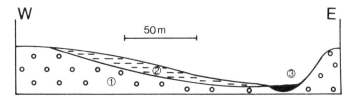

Abb. 53: Spätglaziale Talasymmetrie am Altlauf des Mains östlich Rüsselsheim.

1 = Kies der Älteren Niederterrasse; 2 = spätkaltzeitlicher Hochflutlehm; 3 = präborealer Torf (ausführliche Darstellung bei SEMMEL 1983a)

verbreitet ist (MEIJS et al. 1983). Allerdings sprechen Verbreitung und Ausbildung des Eltviller Tuffs für vorwiegend westliche Winde während der Ausbruchszeit.

Was die Lößverbreitung anbetrifft, können mit Ostwinden schwerlich die mächtigen Lösse erklärt werden, die in den Beckenlandschaften etwa des Odenwaldes unmittelbar östlich des Oberrheingrabens liegen, z. B. in der Weschnitzsenke (SEMMEL 1961a). Die mineralogische Zusammensetzung dieser Lösse erlaubt ihre Ableitung aus den Rheinterrassen. Nur in feuchteren Zeiten, in Perioden der Naßbodenbildung, kommen gröbere lokale Komponenten stärker zum Tragen (SEMMEL ib.: 461f.).

So lassen sich also gewichtige Argumente gegen die Thesen von THÜNE und STÖHR ins Feld führen. Unabhängig davon bleibt aber ein Problem, das m. E. noch der Lösung harrt: Die mineralogische Zusammensetzung mancher Beckenlösse ist nur befriedigend zu klären, wenn man einen deutlichen Ferntransport über die hochgelegenen Rahmenhöhen annimmt. Dennoch enthalten die Lösse eine meist sehr starke lokale Komponente, so daß die Annahme, die Lößauswehung und -ablagerung habe sich zum großen Teil auf regional begrenzte Gebiete in tieferen Lagen beschränkt, wohl nicht unzutreffend ist (SEMMEL 1968: 100f.). Mit ähnlichen Fragen setzen sich z. B. auch ROHDENBURG und MEYER (1966: 64) und KALLENBACH (1966: 598–600) auseinander. Jedoch erscheint die Methode wenig geeignet, aus Lößvorkommen die Verteilung von Hochs und Tiefs während der letzten Kaltzeit abzuleiten, noch dazu, wenn bedacht wird, wie oft heutzutage Meteorologen bei der aktuellen Wettervorhersage irren. Naheliegend ist die Annahme, daß der Lößstaub nur geringe Luftbewegung für den Transport benötigt, daß aber kräftige Westwinde periodisch dennoch geweht und Wasserläufen eine ostwärtige Tendenz gegeben haben können. Diese wirkte sich auch im Spätpleistozän, ja in der jüngeren Tundrenzeit noch aus, erst mit dem Holozän ließ sie nach. So zeigen z. B. in der Untermainebene spätglaziale Altläufe noch deutlich die SW-Asymmetrie; den holozänen fehlt sie dagegen (vgl. Abb. 53).

3.5 Ökonomische und ökologische Bedeutung pleistozäner Periglazialbildungen in Mitteleuropa

Man darf sicher nicht ohne weiteres erwarten, unter dem Generalthema „Periglazialmorphologie" ein Kapitel zu finden, das sich mit der Bedeutung von pleistozänen Periglazialbildungen für wirtschaftliche und ökologische Fragen befaßt. Es gibt dennoch viele Gründe, diesen Fragenkomplex hier abzuhandeln, von denen nur einige angeführt werden sollen. Einmal liegt es nahe, wenn schon im Zusammenhang mit den rezenten Periglazialgebieten auf Nutzungsprobleme eingegangen wird (vgl. Kapitel 2.9), es dann auch hinsichtlich der ehemals periglazialen Gebiete in Mitteleuropa in ähnlicher Weise zu versuchen. Zum anderen ist es immer erstaunlich, wie wenig beachtet wird, welche Bedeutung für unser Leben eben solche Periglazialbildungen haben. Natürlich erscheint es zweifelhaft, diesen Mißstand dadurch beheben zu wollen, daß in einem an einen speziellen Leserkreis adressierten Buch solche Fragen behandelt werden. Doch besteht ja z. B. die Möglichkeit, daß etwa auch der eine oder andere bodenkundlich interessierte Landwirt auf diese Weise erfährt, daß nicht nur der Löß für die heutigen Böden von herausragender Bedeutung ist, sondern daß fast alle Böden auf Festgesteinen in Mitteleuropa nicht aus diesen, sondern aus periglazialem Solifluktionsschutt hervorgegangen sind. Gelegenheit, diese Kenntnis aus den klassischen Lehrbüchern der Bodenkunde zu gewinnen, hätte er praktisch nicht, denn erst in jüngster Zeit findet sich etwa im Lehrbuch der Bodenkunde von SCHEFFER und SCHACHTSCHABEL ein relativ kurz gehaltener Verweis auf periglaziale Schuttdecken.

Der gewichtigste Grund für die Aufnahme dieses Kapitels ist für mich jedoch der Eindruck, daß viele Geomorphologen selbst sich der praktischen Bedeutung der pleistozänen Periglazialbildungen nicht oder nur unzureichend bewußt sind. Damit soll keineswegs Auffassungen das Wort geredet werden, die – oft nur scheinbar – nicht anwendbare Forschungsergebnisse für niederrangig ausgeben, aber gerade in der jetzigen Zeit ist es mehr denn je erforderlich zu zeigen, daß das Verständnis der Entwicklung einer Landschaft Voraussetzung ist für einen vernünftigen Umgang mit dieser Landschaft, für ihre adäquate Nutzung. Am Beispiel eines periglazialen sekundärasymmetrischen Tales soll diese Auffassung im folgenden näher begründet werden.

Für den, der die Entwicklung eines periglazialen sekundärasymmetrischen Tales kennt, ist z. B. klar, daß der flache ostexponierte Hang mit Löß bedeckt ist, daß hier die ackerbaulich besten, sehr intensiv genutzten Böden liegen und deshalb mit starker Bodenerosion zu rechnen ist. Von hier aus werden mit dem Oberflächenabfluß dem Vorfluter erhebliche Verunreinigungen zugeführt, die über das Uferfiltrat in das Grundwasser gelangen. Die Zufuhr von Schadstoffen durch Sickerwässer wird dagegen auf dem lößbedeckten Hang wegen der geringen Durchlässigkeit des Lösses relativ gering sein. Der steilere Gegenhang ist wegen des Reliefs und der schlechteren Bodenverhältnisse nur bedingt ackerbaulich nutzbar. In der Regel liegt hier unter einer geringmächtigen Solifluktionsdecke das präquartäre Gestein, das durch Bodenerosion schnell freigelegt wird. Handelt es sich um Festgesteine, ist damit infolge der Abtragung meistens eine rentable Nutzung nicht mehr möglich. Auch bei Lockergesteinen sind Verschlechterungen der Standortqualität gegeben. Im Vergleich zu den Kiesen des Untergrundes z. B. ist der Solifluktionsschutt aufgrund seines Lößlehmgehalts hinsichtlich des Nährstoff- und Wasserhaushalts wesentlich besser zu beurteilen. Auch erhöht sich bei Kiesen nach dem Verlust der Schuttdecke die Verunreinigungsgefahr für das Grundwasser beträchtlich. Bei Tonen und Mergeln gilt Entsprechendes, hinzu kommt die schlechtere Bearbeitbarkeit, die sich nach der Abtragung des Solifluktionsschuttes einstellt. In der Aue zwischen den unterschiedlichen Talhängen führt die fortschreitende Akkumulation von Auelehm als korrelatem Sediment der Bodenerosion zur Erhöhung des Talbodens. Dadurch vergrößert sich der Flurabstand des Grundwassers. Aus den ursprünglich hier vorhandenen Auengleyen werden braune Auenböden mit stark veränderten Standortbedingungen. Auf diese Weise wird sicher einsichtig, daß die Belastungen und Veränderungen, die in einer Landschaft durch Nutzung entstehen, relativ leicht abzuschätzen sind, wenn die Genese dieser Landschaft berücksichtigt wird. Die Auffassung, das Wissen um Landschaftsentwicklung sei für ökologische Fragen ohne Bedeutung (vgl. z. B. HARD 1982: 280), verraten meines Erachtens eine unzureichende Sachkenntnis.

Die nachstehenden Ausführungen sollen anhand typischer Nutzungsansprüche, die an die ehemals periglazialen Gebiete Mitteleuropas gestellt werden, die Bedeutung der periglazialen Bildungen für die Nutzungen zeigen. Eng verbunden damit ist die Frage der ökologischen Bedeutung solcher Bildungen, denn wie so oft sind auch hier ökonomische und ökologische Aspekte innig verknüpft.

3.5.1 Land- und forstwirtschaftliche Nutzung

Ein entscheidender Faktor für die Qualität eines land- und forstwirtschaftlichen Standorts ist der Boden. Dessen Qualität wird wiederum vor allem vom Ausgangsgestein geprägt. Im ehemals periglazialen Mitteleuropa handelt es sich dabei zum größten Teil um Löß und Schuttdecken, zum geringeren Teil um Flugsande und Schotter. Die Bedeutung des Lösses als Ausgangsgestein der besten Böden (Parabraunerden und Schwarzerden) Mitteleuropas darf als allgemein bekannt vorausgesetzt werden. Weniger bekannt ist – wie schon betont – die Bedeutung des Solifluktionsschutts. Ohne ihn wäre die holozäne Bodenentwicklung im allgemeinen auf den Festgesteinen wohl kaum über das Rankerstadium hinausgekommen. Die Schuttdecken sind in der Regel vom Ausgangsgestein beeinflußt. Auf morphologisch hartem Gestein, im Relief meist mit Kantenbildung verbunden, liegt oft nur der geringmächtige Deckschutt. Die in ihm entwickelten Braunerden sind nur flach- bis mittelgründig. Nach relativ kurzfristiger Ackernutzung ist infolge von Bodenerosion meist der Lockerboden abgetragen.

Günstigere Bedingungen sind gegeben, wenn das harte Gestein von mächtigeren Solifluktionsdecken überwandert wurde, die Material aus oben am Hang anstehenden weicheren Gesteinen enthalten. So wird z. B. im Rheinischen Schiefergebirge manchmal eine Quarzitkante von Tonschieferschutt (Basisschutt) überlagert. Während an den Stellen, an denen das nicht geschah, nur eine flachgründige Braunerde oder gar ein Podsol ausgebildet ist, ist der Standort mit dem Basisschutt wesentlich tiefgründiger.

Noch deutlichere Standortdifferenzierungen sind mit dem Vorkommen des stark lößlehmhaltigen Mittelschutts (oder Metaschutts) gegeben. So zeichnen sich asymmetrische Dellen im Buntsandsteingebiet dadurch aus, daß auf den flacheren ostexponierten Hängen Deckschutt über Mittelschutt mit tiefgründigen Parabraunerden mittlerer Basenversorgung und guter nutzbarer

Feldkapazität liegen. Diese Böden sind Laubholzstandorte guter bis mittlerer Leistungsfähigkeit (Waldmeister-Buchen-Mischwald). Auf dem steilen Gegenhang liegt Deckschutt direkt über Basisschutt. Die hier ausgebildeten Böden sind basenärmer. Die natürliche Waldgesellschaft ist der Heidelbeer-Hainsimsen-Eichen-Buchen-Wald, forstlich ist der Boden für Fichten, bei sandiger Ausbildung des Basisschutts für Kiefern geeignet (ASTHALTER 1966: 74 f.).

Entscheidenden Einfluß auf die Bodenqualität hat vor allem die Schichtung der Solifluktionsdecken. Tonhaltiger oder dichtgeschlämmter Basisschutt, noch mehr aber der lößlehmhaltige Mittelschutt sind oft wenig durchlässig, fungieren deshalb als Stausohle und führen zu Staunässe im Oberboden. Dieser umfaßt in der Regel den Bereich des Deckschuttes, dessen Substrat durchlässiger ist. Auf diese Weise entsteht der typische Aufbau vieler zweischichtiger Staunässeböden. Bei ebenem Relief und hohen Niederschlägen können Stagnogleye entstehen, also ganzjährig nasse Böden. Bevorzugte Lagen für diese Böden sind flache periglaziale Dellentälchen auf Hochflächen (vgl. Abb. 46). Die Vernässung wird gelegentlich so stark, daß Vermoorung einsetzt.

Die sich schon in den obigen Ausführungen abzeichnende Bedeutung des periglazialen Reliefs für die Boden- und Standortqualität wird bei der Nutzung durch Sonderkulturen besonders augenfällig. So sind z. B. in den asymmetrischen Tälern des Rheingaus im wesentlichen die westexponierten Steilhänge weinbaulich genutzt. Auf ihnen tritt tertiärer Mergel zutage (Abb. 54). Die Versteilung dieser Hänge und ihre Exposition hat zu Lagen mit hohem „Strahlungsgenuß" geführt, die zu den Spitzenlagen der deutschen Weinwirtschaft gehören. Hinzu kommt, daß der rigolte Mergel ein Substrat ist, das gerade auch in trockenen Sommern den Reben noch genügend Feuchtigkeit bereitstellt, so daß die Trauben sich voll entwickeln können und damit eine Voraussetzung für sogenannte „Jahrhundertweine" gegeben ist.

Auch bei periglazialen Dünen sind des öfteren unterschiedliche Standortqualitäten auf ost- und westexponiertem Hang gegeben. In Ostexposition nimmt wiederholt die Beimengung von Laacher Bimstuff in den oberen 50–70 cm zu. Gleichzeitig steigt auch der Schluffgehalt an, so daß insgesamt von der Existenz eines lößlehmhaltigen Decksediments ausgegangen werden kann (SEMMEL 1974: 38). Dieses Substrat verbessert deutlich Basen- und Wasserhaushalt der Flugsandböden. Ähnliche Sedimente mit entsprechenden öko-

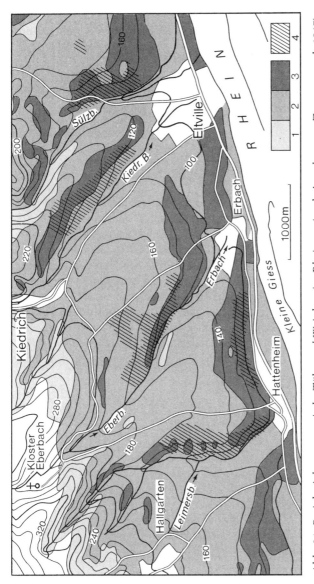

Abb. 54: Periglazial-asymmetrische Täler und Weinbau im Rheingau (nach Angaben von ZAKOSEK et al. 1967).
Gütestufen der Standorte (Eignung für Weinbau):

1 = gering
2 = gut
3 = gut bis sehr gut
4 = Mergelböden

logischen Eigenschaften liegen auch auf den Ablagerungen der letzten Eiszeit im nördlichen Mitteleuropa und im nördlichen Alpenvorland (SEMMEL 1973; 1980). Die von KOHL (1978: 8 ff.) mitgeteilten Korngrößenanalysen aus dem österreichischen Alpenvorland zeigen ebenfalls eine deutliche Schluffzunahme im oberen Bereich bis ca. 50 cm. Schwermineraluntersuchungen bestätigen auch hier den äolischen Einfluß, ohne daß es bisher allerdings gelungen wäre, Luv- und Lee-Effekte zu diagnostizieren. Indessen ist auch hier die Standortverbesserung durch die äolische Komponente vor allem dann augenfällig, wenn der Untergrund sehr sandig ist.

3.5.2 Siedlungs- und Verkehrswegebau

Auf die große Bedeutung der ehemals periglazialen Täler Mitteleuropas für die Verkehrserschließung und Besiedlung weist bereits BÜDEL (u. a. 1981: 83) hin. Die breiten Talböden und ihre gar nicht oder – im Vergleich zu den glazialen Tälern – kaum gestuften Längsprofile bieten gute Bedingungen für den Verkehrswegebau. Bevorzugte Siedlungslagen sind seit alters die auf die Niederterrassen eingestellten periglazialen Schwemmfächer der Nebentäler und größeren Dellen. Die holozänen Wasserläufe tieften sich in der Regel in sie so stark ein, daß heute keine nennenswerte Hochwassergefährdung besteht. Außerdem sind die ebenen oder nur schwach geneigten Terrassenflächen der Talhänge gesuchte Bauareale.

Probleme bei der Bebauung ergeben sich manchmal an Hängen, deren Gestein durch Eisrindenwirkung kräftig gelockert wurde und sehr hohlraumreich ist. Dadurch kann nicht nur die Belastbarkeit erheblich herabgesetzt sein, sondern die so entstandene größere Durchlässigkeit bereitet auch bei der Abdichtung von Stauseen Schwierigkeiten. Am häufigsten aber treten wohl Gefährdungen durch Böschungsinstabilitäten auf, die ihre Ursachen in periglazial gelockertem Gestein und periglazialen Schuttdecken haben. Verbreitet sind auch Hangrutschungen, die unterhalb von periglazialen Schotterterrassen einsetzen, wenn der Untergrund aus wenig durchlässigen oder undurchlässigen Gesteinen besteht. Hier sind vor allem Mergel oder andere Tongesteine anzuführen, deren Grenze zum hangenden Kies oft als Quellhorizont fungiert. Je nach Einzugsgebiet des Schotterkörpers kommt es zu unterschiedlich starker Vernässung des liegenden Tongesteins und am Hang zum

Ausfließen des vernäßten Materials. Vielfach tritt indessen erst Instabilität ein, wenn durch anthropogene Eingriffe der Wasserhaushalt eines solchen Hanges gestört wird.

Da pleistozäne periglaziale Sedimente Lockergesteine sind, ist ihre Belastbarkeit generell begrenzt. Die beste Baugrundqualität besitzen Kiese. Deren Stabilität kann, vor allem mit zunehmendem Alter, durch Verkittungen (Kalksinter, Eisenvererzungen) zusätzlich verstärkt werden. Gefährlich sind dagegen interglaziale oder interstadiale Tonlagen mit erheblich geringerer Belastbarkeit, die als kleine Linsen in Kieskörpern vorkommen. Bei Baugrunderkundungen können Fehler dadurch entstehen, daß durch zu weiträumige Sondierungen solche Tonlinsen nicht gefunden werden. Eine andere Fehlerquelle ist die manchmal unsichere Abgrenzung von Schutt zu festem Gestein. Liegt ein sehr grober Schutt vor, so kann bei gängigen Sondierverfahren bei Anfahren eines großen Blockes der Eindruck entstehen, es läge festes Anstehendes vor.

3.5.3 Lagerstätten

Von den periglazialen Sedimenten ist vor allem der Kies der Schotterterrassen als Baurohstoff sehr gefragt. Die besten Kiesqualitäten kommen in den größeren Tälern vor, weil hier die Wasserkraft für ausreichende Sortierung sorgte. Die in den Kaltzeiten dominierende Frostverwitterung ist die Ursache für das Zurücktreten des Tons, der in tertiären Kiesen entsprechender Täler viel stärker vertreten ist. Nachteilig macht sich das häufige Vorkommen großer Driftblöcke bemerkbar. Schließlich ist für einen rentablen Abbau auch die Mächtigkeit von Deckschichten von Bedeutung. Hier ist es vor allem der Löß, der gerade an Terrassenkanten sehr große Dicke erreichen kann. In Abb. 55 sind entsprechende Beispiele dargestellt. Außerdem wird gezeigt, wie auch in asymmetrischen Tälern die Lößbedeckung den Kiesabbau beeinflußt (vgl. Abb. 56).

Kiesabbau ist mit besonders auffallenden Eingriffen in die Landschaft verbunden. In der Regel sind abbauwürdige Schotterterrassen nicht sehr mächtig, der Bedarf an Abbaufläche ist deshalb relativ groß. Deswegen wird es gegenwärtig immer schwieriger, Kiesabbau-Areale auszuweisen, ohne auf den Widerstand von Landschaftsschützern und ähnlich Interessierten zu stoßen. Zu diesen gesellen sich andere potentielle Nutzer; so stellen beispielsweise die Schotterterrassen günstiges Baugelände dar, dessen Erschließung

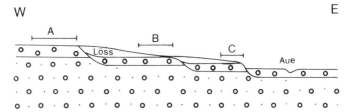

Abb. 55: Terrassenkanten, Lößbedeckung und Kiesabbau im Untermain-gebiet.
Die Kiesgruben konzentrieren sich auf die lößfreien Areale unmittelbar oberhalb der Terrassenkanten (A, B und C).

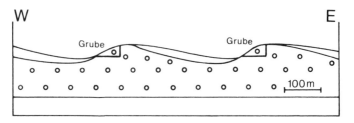

Abb. 56: Lößbedeckung und Kiesabbau bei Neisse (Nysa), Schlesien.
Die Kiesgruben sind nur auf den lößfreien westexponierten Hängen der asymmetrischen Täler angelegt (die Lößdecke ist weiß dargestellt).

mit geringen Kosten verbunden ist. Gleichzeitig weisen die lößbe-deckten Schotterterrassen die hochwertigsten Ackerstandorte auf, und schließlich sind die periglazialen Kiese oft wertvolle Grund-wasserspeicher. Gefürchtet werden vielfach auch die Folgen des Kiesabbaus. Wenn irgend möglich, wird eine aufgelassene Kies-grube heute als Abfall-Deponie genutzt. Sie bedeutet damit eine Be-lastung für Anwohner und Landschaft (z. B. Gefahr der Grund-wasserverunreinigung). Gelungene Rekultivierungen sind bisher eher die Ausnahme. Insbesondere sind auch die bei genügend hohem Grundwasserstand möglichen Nutzungen als Badeseen mit Verschmutzungsproblemen verbunden.

Die Bedeutung des Lösses als Baurohstoff ist in den letzten Jah-ren infolge der Konkurrenz durch andere Materialien rapide zu-rückgegangen. Die Zahl der Ziegeleien, die Löß heute noch verar-beiten, ist klein. Meist sind es Betriebe, die Lagerstätten nutzen, die viele fossile Böden enthalten und damit kalkfreies, relativ toniges Material, das für die Produktion hochwertiger Ziegelwaren besonders geeignet ist. Steigende Tendenz zeigt die Verarbeitung periglazialer Sande in Zusammenhang mit der Kalksandsteinfabrikation.

3.5.4 Wassernutzung

Periglaziale Kiese sind wegen ihres hohen Porenvolumens vorzügliche Grundwasserspeicher. Die Durchlässigkeitswerte sind in pleistozänen Sedimenten z. B. im Oberrheingraben deutlich höher als in pliozänen Akkumulationen (GOLWER 1980: 89), die mehr feinkörnige (tonige) Anteile aufweisen. Trotzdem ist die Filterwirkung der pleistozänen Kiese beträchtlich. In Abb. 57 ist dargestellt, daß stromabwärts von Schadstoffeinleitungen bereits nach kurzstreckigem Durchfluß durch Kiese keine nennenswerten Verschmutzungen mehr nachweisbar sind. Dies gilt allerdings nicht für eine Reihe von Kohlenwasserstoffverbindungen, die außerordentlich beständig sind. Von Nachteil ist die überwiegend relativ geringe Mächtigkeit der periglazialen Schotterkörper, die nur begrenzte Grundwassermengen speichern können. Zusätzliche Einschränkungen treten auf, wenn die horizontale Ausdehnung der Schotterterrassen gering ist oder wenn diese stark zerschnitten (zerdellt) sind.

Einen guten Schutz gegen verschmutzte Sickerwässer bietet die Lößdecke, die viele periglaziale Kiese tragen. Jedoch wird durch diese Verhältnisse auch gleichzeitig die Grundwassererneuerungsrate erheblich eingeschränkt. Nachteilig ist auch die Lößhärte des Grundwassers, die durch Kalkinfiltration aus dem Löß entsteht. Beachtet werden muß, daß die Lößdecke selten lückenlos ausgebildet ist. An Terrassenkanten kommen, wie in Abb. 55 dargestellt, die Kiese häufig direkt an die Oberfläche. Manchmal ist das eine Folge starker Bodenerosion in holozäner Zeit. Solche Erscheinungen sind auch bei asymmetrischen Dellen zu beobachten, deren steilere Hänge den Schotterkörper anschneiden (Abb. 58). Da hier in aller Regel bei Ackernutzung der Bodenabtrag besonders kräftig ist, verschwindet mit dem ursprünglich ausgebildeten lehmigen Boden auch das besser filternde Substrat.

Solifluktionsschuttdecken sind gleichfalls von weitreichender Bedeutung für Grundwassererneuerung und Grundwasserschutz. Die Grenzen der einzelnen Schuttdecken trennen zumeist Substrate unterschiedlicher Durchlässigkeit sowie unterschiedlicher Filterleistung und -wirkung. Oft bildet sich ein episodischer Quellhorizont

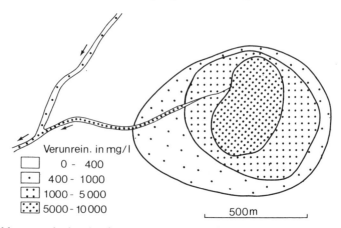

Abb. 57: Schadstoffverbreitung in periglazialen Mainkiesen (nach MAT-
THESS 1972).
Dargestellt ist die Summe der festen, im Grundwasser gelösten Bestand-
teile.

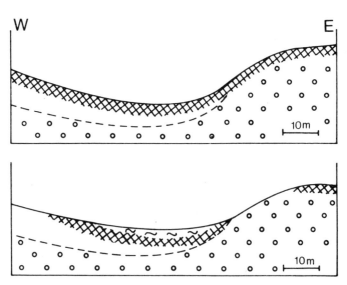

*Abb. 58: Auswirkung der Bodenerosion in periglazial-asymmetrischen
Tälern.*
Im unteren Beispiel ist mit dem Boden auf dem steilen westexponierten
Hang der tonige Boden entfernt, der stark durchlässige Kies kommt an die
Oberfläche (die Lößbedeckung ist weiß dargestellt).

zwischen dem besser durchlässigen Deckschutt und dem dichteren Mittel- oder Basisschutt. Die Beschaffenheit der Schuttdecken beeinflußt den oberflächennahen Abfluß (Interflow) sowie die Versickerungsrate. Das hat nicht nur Bedeutung für die natürliche Grundwasserregenerierung und die immer häufiger angewandte künstliche Grundwasseranreicherung, sondern auch für den Oberflächenabfluß. So darf man davon ausgehen, daß gerade periglaziale Bildungen zukünftig in viel größerem Umfang als bisher das Interesse der Hydrologie und der Wasserwirtschaft finden werden.

LITERATURVERZEICHNIS

ABELE, G. (1979): Schnelle Massenselbstbewegungen, ein dominanter morphodynamischer Faktor in den chilenischen Anden. – Innsbr. geogr. Stud., 5: 21–38, Innsbruck.

AFANASENKO, V. E., et al. (1983): On the relationship between the structure and characteristics of bedrock masses and their permafrost history. – Proc. IV. Internat. Confer. Permafrost: 1–4, Washington, D. C.

AHORNER, L., u. KAISER, K. H. (1964): Über altpleistozäne Kaltklimazeugen (Bodenfrost-Erscheinungen) in der Niederrheinischen Bucht. – Decheniana, 116: 3–19, Bonn.

AKERMANN, J. H. (1983): Notes on chemical weathering, Kap Linné, Spitzbergen. – Proc. IV. Internat. Conf. Permafrost: 10–15, Washington, D. C.

ALEKSEEV, M. N., et al. (1982): Guidebook Exkurs. – A-14, Inqua Congr., Moskau.

ANDERSSON, J. G. (1906): Solifluction, a component of subaerial denudation. – J. Geol., 14: 91–112, Chicago.

ASTHALTER, K. (1966): Waldbaulicher Überblick. – Erl. Bodenkte. 1 : 25000 Hessen, Bl. 5224 Eiterfeld: 74–75, Wiesbaden.

BARSCH, D. (1981): Studien zur gegenwärtigen Geomorphodynamik im Bereich der Oobloyah Bay, N-Ellesmere Island, N. W. T., Kanada. – Heidelbg. geogr. Arb., 69: 123–161, Heidelberg.

BARSCH, D. (1983): Blockgletscher-Studien, Zusammenfassung und offene Probleme. – Abh. Ak. Wiss. Gött., math.-physikal. Kl., 3. F., 35: 133–150, Göttingen.

BAILEY, P. K. (1983): Periglacialgeomorphology in the Kokrine-Hodzana Highlands of Alaska. – Proc. IV. Internat. Conf. Permafrost: 34–39, Washington, D. C.

BECKER, E. (1967): Zur stratigraphischen Gliederung der jungpleistozänen Sedimente im nördlichen Oberrheingraben. – Eiszeitalter u. Gegenwart, 18: 5–50, Öhringen.

BIBUS, E. (1971): Zur Morphologie des südöstlichen Taunus und seiner Randgebiete. – Rhein-Main. Forsch., 74: 279 S., Frankfurt a. M.

BIBUS, E. (1974): Abtragungs- und Bodenbildungsphasen im Rißlöß. – Eiszeitalter u. Gegenwart, 25: 166–182, Öhringen.

BIBUS, E. (1980): Zur Relief-, Boden- und Sedimententwicklung am unteren Mittelrhein. – Frankf. geowiss. Arb., D 1: 296 S., Frankfurt a. M.

BIBUS, E. (1983): Distribution and Dimension of Young Tectonic in the Neuwied Basin and the Lower Middle Rhine. – Plateau Uplift: 55–61, Heidelberg.

BIBUS, E., NAGEL, G., u. SEMMEL, A. (1976): Periglaziale Reliefformung im zentralen Spitzbergen. – Catena, 3: 29–44, Gießen.

BIRD, J. B. (1967): The physiography of arctic Canada. – 336 S., Baltimore.

BIRD, J. B. (1974): Geomorphic processes in the Arctic. – Arctic and alpine environments: 703–720, London.

BLANCK, E., u. RIESER, A. (1928): Die wissenschaftlichen Ergebnisse einer bodenkundlichen Forschungsreise nach Spitzbergen im Sommer 1926. – Chemie der Erde, 3: 588–698, Jena.

BLANKENHORN, M. (1895): Pseudoglaziale Erscheinungen in den mitteldeutschen Gebirgen. – Z. deutsch. geol. Ges., 47: 576–581, Berlin.

BLANKENHORN, M. (1896): Theorie der Bewegung des Erdbodens. – Z. deutsch. geol. Ges., 48: 382–400, Berlin.

BROSCHE, K. U., u. WALTHER, M. (1978): Die jungpleistozänen Lößdeckschichten der Braunkohlentagebaue der Braunschweigischen Kohlenbergwerke (BKB) zwischen Helmstedt und Schöningen. – Eiszeitalter u. Gegenwart, 28: 51–67, Öhringen.

BROWN, J., u. KREIG, R. A. (eds.) (1983): Guidebook to permafrost and related features. – IV. Internat. Conf. Permafrost. – 230 S., Fairbanks.

BROWN, J., NELSON, F., BROCKETT, B., DUTCALT, S. I., u. EVERETT, R. (1983): Observation of ice-cored mounds at Sukakpak Mountain, South Central Brooks Range, Alaska. – Proc. IV. Internat. Conf. Permafrost: 91–96, Washington, D. C.

BROWN, R. J. E. (1970): Permafrost in Canada. – 234 S., Toronto.

BRÜNING, H. (1975): Paläogeographisch-ökologische und quartärmorphologische Aspekte im nördlichen und nordöstlichen Mainzer Becken. – Mz. naturwiss. Archiv, 14: 5–91, Mainz.

BRUNNACKER, K. (1959): Zur Parallelisierung des Jungpleistozäns in den Periglazialgebieten Bayerns und seiner östlichen Nachbarländer. – Geol. Jb., 76: 129–150, Hannover.

BRUNNACKER, K. (1959a): Zur Kenntnis des Spät- und Postglazials in Bayern. – Geol.-Bav., 43: 74–150, München.

BRUNOTTE, E. (1978): Zur quartären Formung von Schichtkämmen und Fußflächen im Bereich des Markoldendorfer Beckens und seiner Umrahmung (Leine-Weser-Bergland). – Gött. geogr. Abhdl., 72: 138 S., Göttingen.

BÜDEL, J. (1937): Eiszeitliche und rezente Verwitterung und Abtragung im ehemals nicht vereisten Teil Mitteleuropas. – Pet. Mitt. Ergänzungsh. 229: 1–71, Gotha.

BÜDEL, J. (1944): Die morphologischen Wirkungen des Eiszeitklimas im gletscherfreien Gebiet. – Geol. Rdsch., 34: 482–519, Stuttgart.

BÜDEL, J. (1948): Die klimamorphologischen Zonen der Polarländer. – Erdkde., II: 22–53, Bonn.

BÜDEL, J. (1959): Periodische und episodische Solifluktion im Rahmen der klimatischen Solifluktionstypen. – Erdkde., XIII: 297–314, Bonn.

BÜDEL, J. (1960): Die Frostschuttzone Südostspitzbergens. – Colloquium Geographicum, 6: 1–105, Bonn.

BÜDEL, J. (1962): Die Abtragungsvorgänge auf Spitzbergen im Umkreis der Barents-Insel auf Grund der Stauferland-Expedition 1959/60. – Deutscher Geogr. Tag, Köln 1961, Tagungsber. u. wiss. Abh.: 337–373, Wiesbaden.

BÜDEL, J. (1963): Klimagenetische Geomorphologie. – Geogr. Rdsch., 15: 269–285, Braunschweig.

BÜDEL, J. (1969): Der Eisrinden-Effekt als Motor der Tiefenerosion in der exzessiven Talbildungszone. – Würzb. geogr. Arb., 25: 41 S., Würzburg.

BÜDEL, J. (1981): Klima-Geomorphologie. – 2. Aufl., 304 S., Berlin–Stuttgart.

CORBEL, J. (1959): Vitesse de l'érosion. – Z. Geomorph. N. F., 3: 1–28, Berlin–Stuttgart.

CZEPPE, Z. (1961): Annual course of frost ground movements at Hornsund (Spitzbergen) 1957–1958. – Prace Geograficzne, Zeszyty Naukowe Universytetu Jagielônskiego, 42, Krakow.

CZUDEK, T., u. DEMEK, J. (1970): Thermokarst in Sibiria and development of lowlandrelief. – Quaternar. Res., 1: 103–120, Seattle.

DEDKOW, J. (1965): Das Problem der Oberflächenverebnungen. – Pet. geogr. Mitt., 109. Jg.: 258–264, Gotha.

DEGE, W. (1941): Landformende Vorgänge im eisnahen Gebiet Spitzbergens. – Pet. geogr. Mitt., 87. Jg.: 81–97 und 113–122, Gotha.

DEMEK, J. (1972): Die Pedimentation im subnivalen Bereich. – Gött. geogr. Abh., 60: 145–154, Göttingen.

DIETZ, K. R. (1981): Zur Reliefentwicklung im Main-Tauber-Bereich. – Rhein-Main. Forsch., 93: 241 S., Frankfurt a. M.

DÜCKER, A. (1937): Über Strukturböden im Riesengebirge, ein Beitrag zum Bodenfrost- und Lößproblem. – Z. deutsch. geol. Ges., 89: 113–129, Berlin.

DÜCKER, A., u. MAARLEVELD, G. C. (1957): Hoch- und spätglaziale äolische Sande in Nordwestdeutschland und in den Niederlanden. – Geol. Jb., 73: 215–234, Hannover.

DYLIK, J. (1972): Rôle du ruissellement dans le modelé périglaciaire. – Gött. geogr. Abh., 60: 169–180, Göttingen.

DYLIKOWA, A. (1969): Problematics of inland dunes in Poland in the light of structural examinations (summary). – Prace geogr. Inst. Geogr. Polsk. Ak. Nauk., 75: 39–74, Warschau.

EISSMANN, L. (1981): Periglaziäre Prozesse und Permafroststrukturen aus sechs Kaltzeiten des Quartärs. – Altenb. naturwiss. Forsch., 1: 171 S., Altenburg.

EKMAN, S. (1957): Die Gewässer des Abisko-Gebietes und ihre Bedingungen. – Kungl. Svenska Vetenskapsak. Handl. F. S., 6, Nr. 6: 1–172, Stockholm.

EMBLETON, C., u. KING, C. A. M. (1975): Glacial and periglacial geomorphology. – 2. Aufl., 2: 203 S., London.

FEDEROFF, N. (1966): Les sols du Spitzberg Occidental. – Audin, éditeur: 111–228, Lyon.

FEDEROFF, N. (1966a): Les Cryosols. – Sci. Sol. 1966, Nr. 2: 77–110, Versailles.

FEZER, F. (1953): Schuttmassen, Blockdecken und Talformen im nördlichen Schwarzwald. – Gött. geogr. Abh., 14: 45–77, Göttingen.

FLÜGEL, W.-A., u. MÄUSBACHER, R. (1983): Untersuchungen zur periglazialgesteuerten Entwässerung im Dobloyah-Tal, N-Ellesmere Island, N. W. T., Kanada. – Die Erde, 114. Jg.: 193–210, Berlin.

FRENCH, H. M. (1976): The periglacial environment. – 309 S., London, New York.

FRECHEN, J., u. ROSAUER, G. A. (1959): Aufbau und Gliederung des Würm-Löß-Profils von Kärlich im Neuwieder Becken. – Fortschr. Geol. Rheinld. u. Westf., 4: 267–282, Krefeld.

FRENZEL, B. (1968): Grundzüge der pleistozänen Vegetationsgeschichte Nord-Eurasiens. – Erdwiss. Forsch., 1: 326 S., Wiesbaden.

FRENZEL, B. (1973): On the pleistocene vegetation history. – Eiszeitalter u. Gegenwart, 23/24: 321–332, Öhringen.

FRENZEL, B. (1980): Das Klima der letzten Eiszeit in Europa. – Das Klima: 45–63, Heidelberg.

FRIED, G. (1984): Gestein, Relief und Boden im Buntsandstein-Odenwald. – Frankf. geowiss. Arb., D 4: 201 S., Frankfurt a. M.

FRÖDIN, J. (1918): Über das Verhältnis zwischen Vegetation und Erdfließen in den alpinen Regionen des schwedischen Lappland. – Lunds Universitets Årsskrift. N. F. Avd. 2, 14, Nr. 24: 1–32, Lund.

FURRER, G. (1959): Untersuchungen am subnivalen Formenschatz in Spitzbergen und in den Bündener Alpen. – Geogr. Helvetica, XIV: 277–309, Bern.

GAMPER, M. W. (1983): Controls and rates of movement of solifluction lobes in the eastern Swiss Alpes. – Proc. IV. Intern. Conf. Permafrost: 328–333, Washington, D. C.

GEIGER, M. (1974): Blockströme und Blockmeere am Königstuhl und Katzenbuckel im Odenwald. – Heidelb. geogr. Arb., 40: 185–198, Heidelberg.

GIESSÜBEL, J. (1984): Zur spät- und postglazialen Reliefformung auf der nördlichen Varangerhalbinsel (Nord-Norwegen). – Erdkde., 38: 5–15, Bonn.

GÖBEL, P. (1977): Vorläufige Ergebnisse der Messung gravitativer Bodenbewegungen auf bewaldeten Hängen im Taunus. – Catena, 3: 387–398, Gießen.

GÖBEL, P. (1978): Untersuchungen an Golezterrassen im Westharz. – Herzynia N. F., 15: 29–50, Leipzig.

GOLWER, A. (1980): Hydrogeologie. – Erl. geol. Kte. Hessen 1:25000, Bl. 5917 Kelsterbach: 84–111, Wiesbaden.

GRAUL, H. (1977): Exkursionsführer zur Oberflächenformung des Odenwaldes. – Heidelb. geogr. Arb., *50:* 210 S., Heidelberg.

GRAUL, H., u. RATHJENS, C. (1973): Geomorphologie. – 10. Aufl.: 256 S., Stuttgart.

HABBE, K. A., MIHL, F., u. WIMMER, F. (1981): Über zwei ¹⁴C-Daten aus fränkischen Dünen. – Geol. Bl. NO-Bayern, *31:* 208–221, Erlangen.

HAGEDORN, J. (1964): Geomorphologie des Uelzener Beckens. – Gött. geogr. Abh., *31:* 200 S., Göttingen.

HAGEDORN, J., u. POSER, H. (1974): Räumliche Ordnung der rezenten geomorphologischen Prozesse und Prozeßkombinationen auf der Erde. – Abh. Akad. Wiss. Gött., math.-physik. Kl., 3. F., *29:* 426–439, Göttingen.

HAMBERG, A. (1915): Zur Kenntnis der Vorgänge im Erdboden beim Gefrieren und Auftauen sowie Bemerkungen über die erste Kristallisation des Eises in Wasser. – Geol. Fören.; Förh. *37:* 583–619, Stockholm.

HARD, G. (1982): Physisch-geographische Probleme im Unterricht. – Metzler Hdb. geogr. Unterr.: 273–289, Stuttgart.

HEINE, K. (1971): Über die Ursachen der Vertikalabstände der Talgenerationen am Mittelrhein. – Decheniana, *123:* 307–318, Bonn.

HERZ, K. (1964): Ergebnisse mikromorphologischer Untersuchungen im Kingsbaygebiet (Westspitzbergen). – Pet. geogr. Mitt., 108. Jg.: 45–53, Gotha.

HERZ, K., u. ANDREAS, G. (1966): Untersuchungen zur Morphologie der periglazialen Auftauschicht im Kongsfjordgebiet (Westspitzbergen). – Pet. geogr. Mitt., 110. Jg.: 190–198, Gotha.

HÖGBOM, B. (1910): Einige Illustrationen zu den geologischen Wirkungen des Frostes auf Spitzbergen. – Bull. geol. Inst. Univ. Uppsala, IX: 41–59, Uppsala.

HÖGBOM, B. (1912): Wüstenerscheinungen auf Spitzbergen. – Bull. geol. Inst. Univ. Uppsala, XI: 257–390, Uppsala.

HÖGBOM, B. (1914): Über die geologische Bedeutung des Frostes. – Bull. geol. Inst. Univers. Uppsala, XII: 257–390, Uppsala.

HÖLLERMANN, P. (1983): Verbreitung und Typisierung von Glatthängen. – Abh. Ak. Wiss., math.-physikal. Kl., 3. F., *35:* 266–280, Göttingen.

HÖVERMANN, J. (1953): Die Periglazial-Erscheinungen im Harz. – Gött. geogr. Abh. *14:* 7–44, Göttingen.

JAHN, A. (1960): Some remarks on evolution of slopes on Spitzbergen. – Z. Geom., Supplementbd. *1:* 49–58, Berlin.

JAHN, A. (1961): Quantitative analysis of some periglacial processes in Spitzbergen. – Nauk. o Ziemi II, B, *5:* 3–34, Warschau.

JAHN, A. (1983): Periglaziale Schutthänge. Geomorphologische Studien in Spitzbergen und Nord-Skandinavien. – Abh. Akad. Wiss. Gött., math.-physikal. Kl., 3. F., *35:* 181–198, Göttingen.

JAHN, A., u. WALKER, H. J. (1983): The active layer and climate. – Z. Geomorph. N. F., *47:* 97–108, Berlin–Stuttgart.

JAHNS, H., u. HEUER, L. E. (1983): Frost heave mitigation and permafrost protection for a buried chilled-gas pipeline. – Proc. IV. Internat. Conf. Permafrost: 531–536, Washington, D. C.

KÄUBLER, R. (1938): Junggeschichtliche Veränderungen des Landschaftsbildes im mittelsächsischen Lößgebiet. – Deutsch. Mus. Landeskde., wiss. Veröff. N. F., *5:* 71–90, Leipzig.

KAISER, Kh. (1960): Klimazeugen des periglazialen Dauerfrostbodens in Mittel- und Westeuropa. – Eiszeitalter u. Gegenwart, *11:* 121–141, Öhringen.

KALLENBACH, H. (1966): Mineralbestand und Genese südbayerischer Lösse. – Geol. Rdsch., *55:* 582–607, Stuttgart.

KARRASCH, H. (1970): Das Phänomen der klimabedingten Reliefasymmetrie in Mitteleuropa. – Gött. geogr. Abh., *56:* 229 S., Göttingen.

KARTE, J. (1979): Räumliche Abgrenzung und regionale Differenzierung des Periglaziärs. – Boch. geogr. Arb., *35:* 211 S., Bochum.

KARTE, J. (1981): Zur Rekonstruktion des weichselhochglazialen Dauerfrostbodens im westlichen Mitteleuropa. – Boch. geogr. Arb., *40:* 59–71, Bochum.

KARTE, J. (1983): Grèzes Litées as a special type of periglacial slope sediments in the German Highlands. – Polarforsch., *53:* 67–74, Münster i. W.

KATASONOW, E. M. (1973): Present-day ground and ice veins in the region of the middle Lena. – Biul. Peryglaz., *23:* 81–89, Lodz.

KESSLER, A. (1962): Studien zur jüngeren Talgeschichte am Main und an der Mümling und über jüngere Formenentwicklung im hinteren Buntsandstein-Odenwald. – Forsch. deutsch. Landeskde., *133:* 94 S., Bad Godesberg.

KESSLER, P. (1925): Das eiszeitliche Klima. – 210 S., Stuttgart.

KLAER, W. (1983): Die Blockgletscherfrage, ein terminologisches Problem. – Abh. Ak. Wiss. Gött., math.-physikal. Kl., 3. F., *35:* 20–132, Göttingen.

KOHL, H. (1978): Vergleich der Böden auf den Endmoränen des Traungletschers. – Mitt. Komm. Quartärforsch., Österr. Ak. Wiss., Erg. zu Bd. 1: 7–10, Wien.

KOSTYJAJEV, A. G. (1966): Über die Grenze der unterirdischen Vereisung und die Periglazialzone im Quartär. – Pet. geogr. Mitt., 110. Jg.: 253–259, Gotha.

KOWALCZYK, G. (1974): Kryoturbationsartige Sedimentstrukturen im Pliozän und Altquartär der südlichen Niederrheinischen Bucht. – Eiszeitalter u. Gegenwart, *25:* 141–156, Öhringen.

KOZARSKI, S. (1978): Das Alter der Binnendünen in Mittelwestpolen. – Beitr. Quartär- und Landschaftsforsch.: 291–305, Wien.

KULCHUKOV, E. Z., u. MALINOVSKI, D. V. (1983): Erodibility of Unconsolidated Materials in Permafrost. – Proc. IV. Internat. Conf. Permafrost: 672–676, Washington, D. C.

KULIK, J., u. SEMMEL, A. (1968): Die geomorphologische und geologische Bedeutung der Paläolithstation Buhlen (Waldeck). – Notizbl. hess. L.-Amt Bodenforsch., 96: 347–351, Wiesbaden.

LACHENBRUCH, A. H. (1962): Mechanics of thermal contraction cracks and icewedge polygons in permafrost. – Geol. Soc. Amer. Spec. Pa., 70: 69 S., Washington, D. C.

LEMBKE, H., et al. (1970): Die periglaziäre Fazies im Alt- und Jungmoränengebiet nördlich des Lößgürtels. – Pet. geogr. Mitt., Erg.-H. 274: 213–268, Gotha.

LEWKOWICZ, A. G. (1983): Erosion by Overland Flow, Central Banks Island, Western Canad. Arctic. – Proc. IV. Internat. Conf. Permafrost: 701–706, Washington, D. C.

LIEDTKE, H. (1968): Die geomorphologische Entwicklung der Oberflächenformen des Pfälzer Waldes und seiner Randgebiete. – Arb. Geogr. Inst. Univ. Saarland, Sonderbd. 1: 232 S., Saarbrücken.

LIEDTKE, H. (1975): Die nordischen Vereisungen in Mitteleuropa. – Forsch. deutsch. Landeskde., 204: 160 S., Bonn-Bad Godesberg.

LINELL, K. A., u. TEDROW, J. C. F. (1981): Soil and permafrost surveys in the Arctic. – Monogr. on soil survey: 279 S., Oxford.

LINKE, M. (1963): Ein Beitrag zur Erklärung des Kleinreliefs unserer Kulturlandschaft. – Wiss. Z. Univ. Halle, math. nat. R., XII: 735–750, Halle a. d. S.

LOZINSKI, W. v. (1910): Die periglaziale Fazies der mechanischen Verwitterung. – Comp. Rend. XV. Geol. Conf.: 1039–1053, Stockholm.

LOUIS, H., u. FISCHER, K. (1979): Allgemeine Geomorphologie, Textteil. – 814 S., Berlin, New York.

MAARLEVELD, G. L. (1960): Wind directions and cover sands in the Netherlands. – Biul. Perygl., 8: 49–58, Lodz.

MACKAY, J. R. (1983): Pingo growth and subpingo water lenses, western Arctic Coast, Canada. – Proc. IV. Internat. Conf. Permafrost: 762–766, Washington, D. C.

MÄCKEL, R. (1969): Untersuchungen zur jungtertiären Flußgeschichte der Lahn in der Gießener Talweitung. – Eiszeitalter u. Gegenwart, 20: 138–174, Öhringen.

MANIA, D., u. STECHMESSER, H. (1970): Jungpleistozäne Klimazyklen im Harzvorland. – Pet. geogr. Mitt., Erg.-H. 274: 39–56, Gotha.

MATTHES, G. (1972): Selbstreinigung des Grundwassers. – Bild der Wissenschaft: 1033–1039, Stuttgart.

MECKELEIN, W. (1965): Beobachtungen und Gedanken zu geomorphologischen Konvergenzen in Polar- und Wärmewüsten. – Erdkde. XIX: 31–39, Bonn.

MEIJS, E., et al. (1983): Evidence of presence of the Eltviller Tuff Layer in

Dutch and Belgian Limbourg and the consequences for the loess stratigraphy. – Eiszeitalter u. Gegenwart, *33:* 59–78, Stuttgart.

MEINARDUS, W. (1912): Beobachtungen über Detritussortierung und Strukturböden auf Spitzbergen. – Z. Ges. Erdkde. Berlin: 250–259, Berlin.

MIETHE, A. (1912): Über Karreebodenformen auf Spitzbergen. – Z. Ges. Erdkde. Berlin: 241–244, Berlin.

MIOTKE, F.-D. (1979): Die Formung und Formungsgeschwindigkeit von Windkantern in Victoria-Land, Antarktis. – Polarforsch., *49:* 30–43, Münster i. W.

MIOTKE, F.-D. (1982): Hangformen und hangformende Prozesse in Süd-Viktorialand, Antarktis. – Polarforsch., *52:* 1–41, Münster i. W.

MÜLLER, R. (1983): The Late Tertiary-Quaternary Tectonics of the Palaeozoic of the Northern Eifel. – Plateau Uplift: 102–107, Berlin–Heidelberg.

MÜLLER, S. (1962): Isländische Thufur- und alpine Buckelwiesen – ein genetischer Vergleich. – Natur u. Mus., *92:* 267–274 u. 299–304, Frankfurt a. M.

MÜLLER, S. (1965): Thermische Sprungschichtenbildung als differenzierender Faktor im Bodenprofil. – Z. Pflanzenernähr., Düng., Bodenkde., *109:* 26–34, Weinheim.

NAGEL, G. (1977): Vergleichende Beobachtungen zur periglazialen Hangabtragung in Spitzbergen und Axel-Heiberg-Island, N. W. T., Kanada. – Z. Geomorph. N. F., Suppl. Bd. *28:* 200–212, Berlin–Stuttgart.

OHLSON, B. (1964): Frostaktivität, Verwitterung und Bodenbildung in den Fjeldgegenden von Enontekiö, Finnisch-Lappland. – Fennia, 89, N. *03:* 180 S., Helsinki.

PASSARGE, S. (1919): Die Vorzeitformen der deutschen Mittelgebirgslandschaften. – Pet. Mitt., 65. Jg.: 41–46, Gotha.

PASSARGE, S. (1920): Die Oberflächengestaltung der Erde. – Grundlagen der Landschaftskunde, Bd. III: 558 S., Hamburg.

PÈWÈ, T. L. (1982): Geological Hazards of the Fairbanks Area, Alaska. – Alaska Geol. u. Geophys. Surv. Spec. Rep., *15:* 109 S., Anchorage.

PFEFFER, K.-H. (1978): Karstmorphologie. – Erträge der Forschung, *79:* 131 S., Darmstadt.

PISSART, A. (1970): Les phénomènes physiques éssentiels liés au gel. – Ann. Soc. Geol. Belg., *93:* 7–49, Brüssel.

PISSART, A., u. JUVIGNE, E. (1983): Struktur und Alter von Resten periglazialer Hügel im Hohen Venn (Belgien). – Polarforsch., *53:* 75–78, Münster i. W.

POSER, H. (1931): Beiträge zur Kenntnis arktischer Bodenformen. – Geol. Rdsch., *22:* 200–231, Berlin.

POSER, H. (1932): Einige Untersuchungen zur Morphologie Ostgrönlands. – Medd. Grønland, *94,* Nr. 5: 1–55, Kopenhagen.

POSER, H. (1936): Talstudien aus Westspitzbergen und Ostgrönland. – Z. f. Gletscherkde., *24:* 43–98, Leipzig.

POSER, H. (1954): Die Periglazial-Erscheinungen in der Umgebung der Gletscher des Zemmgrundes (Zillertaler Alpen). – Gött. geogr. Abh., *15:* 125–180, Göttingen.

POSER, H. (Hrsg.) (1977): Formen, Formengesellschaften und Untergrenzen in den heutigen periglazialen Höhenstufen der Hochgebirge Europas und Afrikas zwischen Arktis und Äquator. – Abh. Ak. Wiss. Gött., math.-phys. Kl. 3. F., *31:* 354 S., Göttingen.

POSER, H., u. MÜLLER, Th. (1951): Studien an den asymmetrischen Tälern des niederbayerischen Hügellandes. – Nachr. Akad. Wiss. Göttingen, math.-phys. Kl., Jg. 1951, Nr. 1: 1–32, Göttingen.

PRIESNITZ, K. (1974): Lösungsraten und ihre geomorphologische Relevanz. – Abh. Akad. Wiss. Gött., math.-physikal. Kl., 3 F., *29:* 68–85, Göttingen.

PRIESNITZ, K. (1981): Fußflächen und Täler in der Arktis N.-W.-Kanadas und Alaskas. – Polarforsch., *51:* 145–159, Münster i. W.

PRIESNITZ, K., u. SCHUNKE, E. (1983): Periglaziale Pediplanation in der kanadischen Kordillere. – Abh. Ak. Wiss. Gött., math.-physikal. Kl. 3. F., *35:* 266–280, Göttingen.

PYRITZ, E. (1972): Binnendünen und Flugsandebenen im Niedersächsischen Tiefland. – Gött. geogr. Abh., *61:* 153 S., Göttingen.

QUITZOW, H. W. (1958): Verwerfungen und pseudotektonische Faltungen im Hauptflöz der Ville zwischen Liblar und Brühl. – Fortschr. Geol. Rheinld. u. Westf., *2:* 645–649, Krefeld.

RAPP, A. (1960): Talus slopes and mountain walls at Tempelfjorden, Spitzbergen. – Norsk Polarinst. Skrifter, *119:* 1–96, Oslo.

REICHMANN, H. (1978): Kriechen, Solifluktion, Gelifluktion, Kongelifluktion, ein terminologischer Irrgarten. – Geol. Jb. Hessen, *106:* 409–418, Wiesbaden.

RICHTER, H. (1963): Die Golezterrassen. – Pet. geogr. Mitt., 107. Jg.: 183–192, Gotha.

RICKEN, W. (1982): Quartäre Klimaphasen und Subrosion als Faktoren der Bildung von Kies-Terrassen im südwestlichen Harzvorland. – Eiszeitalter u. Gegenwart, *32:* 107–136, Hannover.

ROHDENBURG, H. (1965): Untersuchungen zur pleistozänen Formung am Beispiel der Westabdachung des Göttinger Waldes. – Gieß. geogr. Schr., *7:* 76 S., Gießen.

ROHDENBURG, H. (1966): Eiskeilhorizonte in südniedersächsischen und hessischen Lößprofilen. – Mitt. deutsch. bodenkdl. Ges., *5:* 137–170, Göttingen.

ROHDENBURG, H. (1968): Jungpleistozäne Hangformung in Mitteleuropa – Beiträge zur Kenntnis, Deutung und Bedeutung ihrer räumlichen und zeitlichen Differenzierung. – Gött. bodenkdl. Ber., *6:* 3–107, Göttingen.

ROHDENBURG, H. (1968a): Zur Deutung der quartären Taleintiefung in Mitteleuropa. – Die Erde, 99: 297–304, Berlin.

ROHDENBURG, H., et al. (1962): Quartärgeomorphologische, bodenkundliche, paläobotanische und archäologische Untersuchungen an einer Löß-Schwarzerde-Insel mit einer wahrscheinlich spätneolithischen Siedlung im Bereich der Göttinger Leineaue. – Gött. Jb. 1962: 37–56, Göttingen.

ROHDENBURG, H., u. MEYER, B. (1963): Rezente Mikroformung in Kalkgebieten durch inneren Abtrag und die Rolle der periglazialen Gesteinsverwitterung. – Z. Geomorph. N. F., 7: 120–146, Berlin.

ROHDENBURG, H., u. MEYER, B. (1966): Zur Feinstratigraphie und Paläopedologie des Jungpleistozäns nach Untersuchungen an südniedersächsischen und nordhessischen Lößprofilen. – Mitt. deutsch. bodenkdl. Ges., 5: 1–135, Göttingen.

RUDBERG, S. (1964): Slow mass-movement processes and slope development in the Norra Storfjällarn, Southern Swedish Lappland. – Z. Geom., Supplementbd. 5: 192–203, Berlin.

SALOMON, W. (1917): Die Bedeutung der Solifluktion für die Erklärung der deutschen Landschafts- und Bodenformen. – Geol. Rdsch., 7: 30–41, Leipzig.

SCHEFFER, F., MEYER, B., u. GEBHARDT, H. (1966): Pedochemische und Kryo-Verlehmung (Tonbildung) in Böden aus kalkreichen Lockersedimenten (Beispiel Löß). – Z. Pflanzenernähr., Düng., Bodenkde., 114: 77–89, Weinheim/Bergstr.

SCHENK, E. (1955): Die Mechanik der periglazialen Strukturböden. – Abh. hess. L.-Amt Bodenforsch., 13: 92 S., Wiesbaden.

SCHENK, E. (1964): Das Quartärprofil in den Braunkohlentagebauen bei Berstadt und Weckesheim (Wetterau). – Notizbl. hess. L.-Amt Bodenforsch., 92: 270–274, Wiesbaden.

SCHILLING, W., u. WIEFEL, H. (1962): Jungpleistozäne Periglazialbildungen und ihre regionale Differenzierung in einigen Teilen Thüringens und des Harzes. – Geologie, 11: 428–460, Berlin.

SCHIRMER, W. (1981): Holozäne Mainterrassen und ihr pleistozäner Rahmen. – Jber. Mitt. oberrhein. geol. Ver. N. F., 63: 103–115, Stuttgart.

SCHÖNHALS, E. (1950): Über einige wichtige Lößprofile und begrabene Böden im Rheingau. – Notizbl. hess. L.-Amt Bodenforsch. H. 1: 244–259, Wiesbaden.

SCHÖNHALS, E. (1953): Gesetzmäßigkeiten im Kornaufbau von Talrandlössen mit Bemerkungen über die Entstehung des Lösses. – Eiszeitalter u. Gegenwart, 3: 19–86, Öhringen.

SCHÖNHALS, E. (1974): Bericht über die Exkursion A12 vom 26. 11. bis 1. 12. 1973 – Eastern South Island. – Eiszeitalter u. Gegenwart, 25: 255–264, Öhringen.

SCHÖNHALS, E., ROHDENBURG, H., u. SEMMEL, A. (1964): Ergebnisse neuerer Untersuchungen zur Würmlößgliederung in Hessen. – Eiszeitalter u. Gegenwart, *15:* 199–206, Öhringen.

SCHUNKE, E. (1974): Formungsvorgänge an Schneeflecken im isländischen Hochland. – Abh. Ak. Wiss. Gött., math.-physikal. Kl., 3. F., *29:* 274–286, Göttingen.

SCHUNKE, E. (1975): Die Periglazialerscheinungen Islands in Abhängigkeit von Klima und Substrat. – Abh. Ak. Wiss. Gött., math.-physikal. Kl., 3. F., *30:* 273 S., Göttingen.

SCHUNKE, E. (1983): Periglaziale Mesoformen der europäischen und amerikanischen Arktis. – Abh. Ak. Wiss. Gött., math.-physikal. Kl., 3. F., *35:* 352–370, Göttingen.

SCHWARZBACH, M. (1963): Zur Verbreitung der Strukturböden und Wüsten in Island. – Eiszeitalter u. Gegenwart, *14:* 85–95, Öhringen.

SEMMEL, A. (1961): Beobachtungen zur Genese von Dellen und Kerbtälchen im Löß. – Rhein-Main. Forsch., *50:* 135–140, Frankfurt a. M.

SEMMEL, A. (1961a): Die pleistozäne Entwicklung des Weschnitztales im Odenwald. – Frankf. geogr. H., *37:* 425–492, Frankfurt a. M.

SEMMEL, A. (1964): Junge Schuttdecken in hessischen Mittelgebirgen. – Notizbl. hess. L.-Amt Bodenforsch., *92:* 275–285, Wiesbaden.

SEMMEL, A. (1968): Studien über den Verlauf jungpleistozäner Formung in Hessen. – Frankf. geogr. Hefte, *45:* 133 S., Frankfurt a. M.

SEMMEL, A. (1969): Verwitterungs- und Abtragungserscheinungen in rezenten Periglazialgebieten (Lappland und Spitzbergen). – Würzb. geogr. Arb., *26:* 82 S., Würzburg.

SEMMEL, A. (1971): Zur quartären Klima- und Reliefentwicklung in der Danakilwüste (Äthiopien) und ihren westlichen Randgebieten. – Erdkde. *XXV:* 199–209, Bonn.

SEMMEL, A. (1972): Untersuchungen zur jungpleistozänen Talentwicklung in deutschen Mittelgebirgen. – Z. Geomorph. N. F., Suppl.-Bd. *14:* 104–112, Berlin–Stuttgart.

SEMMEL, A. (1973): Periglaziale Umlagerungszonen auf Moränen und Schotterterrassen der letzten Eiszeit im deutschen Alpenvorland. – Z. Geomorph. N. F., Suppl.-Bd. *17:* 118–132, Berlin–Stuttgart.

SEMMEL, A. (1974): Der Stand der Eiszeitforschung im Rhein-Main-Gebiet. – Rhein.-Main. Forsch., *78:* 9–56, Frankfurt a. M.

SEMMEL, A. (1976): Aktuelle subnivale Hang- und Talentwicklung im zentralen Westspitzbergen. – Tag.ber. u. Abh., 40. Deutsch. Geogr. Tg. Innsbruck 1975: 396–400, Wiesbaden.

SEMMEL, A. (1980): Periglaziale Deckschichten auf weichselzeitlichen Sedimenten in Polen. – Eiszeitalter u. Gegenwart, *30:* 101–108, Hannover.

SEMMEL, A. (1983): Grundzüge der Bodengeographie. 2. Aufl. – 123 S., Stuttgart.

SEMMEL, A. (1983a): Hoch- und spätglaziale Reliefformung und ihre Bedeutung für die heutige Landschaft in der Untermain-Ebene. – Ber. deutsch. Landeskde., *57:* 261–275, Trier.

SEMMEL, A. (1983b): Die plio-pleistozänen Deckschichten im Steinbruch Mainz-Weisenau. – Geol. Jb. Hessen, *111:* 219–233, Wiesbaden.

SEMMEL, A. (1984): Geomorphologie der Bundesrepublik Deutschland. – 4. Aufl., 192 S., Wiesbaden.

SEMMEL, A., u. STÄBLEIN, G. (1971): Zur Entwicklung quartärer Hohlformen in Franken. – Eiszeitalter u. Gegenwart, *22:* 23–34, Öhringen.

SIEBERTZ, H. (1983): Neue sedimentologische Untersuchungsergebnisse von weichselzeitlichen äolischen Decksedimenten auf dem Niederrheinischen Höhenzug. – Arb. rhein. Landeskde., *51:* 51–99, Bonn.

SMITH, J. (1956): Some moving soils in Spitzbergen. – J. Soil. Sci., *7:* 10–21, 2 Pl., Oxford.

SOERGEL, W. (1924): Die diluvialen Terrassen der Ilm und ihre Bedeutung für die Gliederung des Eiszeitalters. – Leipzig.

SONNE, V., u. STÖHR, W. (1959): Bimsvorkommen im Flugsandgebiet zwischen Mainz und Ingelheim. – Jber. u. Mitt. oberrhein. geol. Ver., N. F. *14:* 103–116, Stuttgart.

STÄBLEIN, G. (1977): Rezente Morphodynamik und Vorzeitreliefinfluenz bei der Hang- und Talentwicklung in Westgrönland. – Z. Geomorph. N. F., Suppl. Bd. *28:* 181–199, Berlin–Stuttgart.

STÄBLEIN, G. (1983): Mesoreliefformen des heutigen Periglazialraumes. – Die Erde, 114. Jg.: 71–74, Berlin.

STAHR, K. (1979): Die Bedeutung periglazialer Deckschichten für Bodenbildung und Standorteigenschaften im Südschwarzwald. – Freib. bodenkdl. Abh., *9:* 273 S., Freiburg i. Br.

STÖHR, W. Th. (1967): Der Mainzer Sand und seine Randgebiete im Wandel der Erd- und Landschaftsgeschichte. – Mz. naturwiss. Arch., 5/6: 5–15, Mainz.

STRUNK, H. (1983): Pleistocene diapiric upturnings of lignites and clayey sediments as periglacial phenomena in central Europe. – Proc. IV. Internat. Conf. Permafrost: 1200–1204, Washington, D. C.

TEDROW, J. C. F. (1965): Concerning genesis of the buried organic matter in tundra soil. – Soil. Sci. Soc. America, Proc., 29, No. 1: 89–90, Columbus, Ohio.

THORARINSSON, S. (1951): Notes on patterned ground in Iceland. – Geogr. Ann. *XXXIII:* 144–156, Stockholm.

THORARINSSON, S. (1964): Additional notes on patterned ground in Iceland with a particular reference to ice-wedge polygons. – Biul. Perygl., *14:* 327–336, Lodz.

THÜNE, W., u. STÖHR, W. Th. (1980): Zur Frage von Zirkulationsanomalien in Mitteleuropa während der Eiszeiten aufgrund von Lößablagerungen. – Berl. geowiss. Abh., A *19:* 235–236, Berlin.

TRICART, J. (1963): Géomorphologie des régions froides. – 289 S., Paris.

TROLL, C. (1944): Strukturböden, Solifluktion und Frostklimate der Erde. – Geol. Rdsch., *34:* 545–694, Stuttgart.

VIERECK, L. A. (1982): Effects of fire and firelines on activ layer thickness and soil temperatures in interior Alasca. – Proc. IV. Canadian Permafrost Conf.: 123–135, Ottawa.

WALTHER, M., u. BROSCHE, K. U. (1982): Zur Bedeutung der Lößstratigraphie für die Rekonstruktion des jungpleistozänen Klimas im nördlichen Mitteleuropa am Beispiel norddeutscher Lößprofile. – Ber. naturhistor. Ges. Hannover, *125:* 97–159, Hannover.

WASHBURN, A. L. (1950): Patterned ground. – Rev. Canad. Géogr., *IV:* 3–4 u. 5–59, Montreal.

WASHBURN, A. L. (1956): Classification of patterned ground and review of suggested origins. – Geol. Soc. America., Bull., *67:* 823–865, New York.

WASHBURN, A. L. (1973): Periglacial processes and environments. – 320 S., London.

WASHBURN, A. L. (1979): Geocryology. A survey of periglacial processes and environments. – 406 S., London.

WEISE, O. R. (1983): Das Periglazial. – 199 S., Berlin–Stuttgart.

WERDECKER, J. (1962): Eine Durchquerung des Goba-Massivs (Südäthiopien). – H. v. Wissmann-Festschr.: 132–145, Tübingen.

WERNER, R. (1977): Geomorphologische Kartierung 1 : 25000, erläutert am Beispiel des Blattes 5816 Königstein i. Ts. – Rhein-Main. Forsch., *86:* 164 S., Frankfurt a. M.

WERNER, R. (1979): Periglaziale Ablagerungen und Hangentwicklung am Kapellenberg bei Hofheim am Taunus. – Geol. Jb. Hessen, *107:* 163–177, Wiesbaden.

WHALLEY, W. B. (1983): Rock glaciers-permafrost features or glacial relics? – Proc. IV. Internat. Conf. Permafrost: 1396–1399, Washington, D. C.

WILLIAMS, P. J. (1957): Some investigations into solifluction features in Norway. – Geogr. J., *CXXII:* 42–57, London.

WILLIAMS, P. J. (1959): Solifluction and patterned ground in Rondane. – Skr. Norske Videnskap-Ak. Oslo, I. Mat. Nat. Kl. 1959, Nr. 7: 1–16, Oslo.

WIRTHMANN, A. (1977): Erosive Hangentwicklung in verschiedenen Klimaten. – Z. Geomorph. N. F., Suppl. Bd. *28:* 42–61, Berlin–Stuttgart.

YOUNG, A. (1974): The rate of slope retreat. – Spec. Publ. Inst. brit. Geogr., *7:* 65–78, London.

ZAKOSEK, H. et al. (1967): Die Standortkartierung der hessischen Weinbaugebiete. – Abh. hess. L.-Amt Bodenforsch. *50:* 82 S., Wiesbaden.

STICHWORTVERZEICHNIS

Aus dem weiteren Programm

5489-X   Boesler, Klaus Achim:
Raumordnung. (EdF, Bd. 165.)

1982. VII, 255 S. mit zahlr. Fig., Diagr. u. Tab., 1 Faltkt., kart.

Dieser Bericht über die Situation der Raumordnung im geographischen Bereich
bietet unter ausführlicher Bereitstellung einschlägiger bibliographischer Daten
eine Darstellung der gegenwärtigen Forschungsdiskussion sowie der aktuellen
Grundsatzfragen.

8053-X   Klug/Lang:
Einführung in die Geosystemlehre.

1983. XII, 187 S. mit 43, zum Teil farb. Abb. u. 3 Tab., 1 farb. Faltkt., kart.

Ziel dieses Buches ist es, Wirkungsgefüge, Stoff- und Energiehaushalt von Geo-
systemen zu kennzeichnen und somit einen Forschungsansatz vorzustellen, der
für die weitere Entwicklung der Physischen Geographie und deren Praxisrelevanz
sicherlich entscheidende Bedeutung haben wird.

7624-9   Mensching, Horst (Hrsg.):
Physische Geographie der Trockengebiete. (WdF, Bd. 536.)

1982. VI, 380 S., Gzl.

Der geomorphologische Formenreichtum in Gebieten, die man „wüst" und „leer"
nennt, ist groß. Je nach der geographischen Lage, dem Klima und der Beschaffenheit des natürlichen Untergrundes solcher Trockenräume sind die methodischen
Zugänge zur Erforschung der einzelnen Eigenschaften und des Gesamtphäno-
mens unterschiedlicher Art. Dieses Buch bietet Forschungsschwerpunkte der
physischen Geographie der Trockenzone der Erde sowie deren grundlegende Erkenntnisse und Gedanken in wichtigen Beiträgen seit den zwanziger Jahren.

8161-7   Weber, Peter:
Geographische Mobilitätsforschung. (EdF, Bd. 179.)

1982. VIII, 190 S. mit 9 Abb. u. 13 Tab., kart.

Die Energieprobleme der jüngsten Zeit haben deutlich werden lassen, daß unsere
arbeitsteilige Gesellschaft nur dann funktionieren kann, wenn sich die Mobilität
des Menschen im Raum voll entfalten kann. In diesem Buch werden die vielfältigen innerhalb der Geographie entwickelten Forschungsansätze und erdweiten
Analysen von Mobilitätsphänomenen in ihren wichtigsten Erträgen dargestellt.

83/I

WISSENSCHAFTLICHE BUCHGESELLSCHAFT
Hindenburgstr. 40   D-6100 Darmstadt 11